THE HANDY SCIENCE
ANSWER BOOK

机敏问答

无处不在
的科学

[美]詹姆斯·博比克　内奥米·巴拉班　著

郎淑华 等　译

上海科学技术文献出版社

hanghai Scientific and Technological Literature Press

图书在版编目（CIP）数据

无处不在的科学 /（美）詹姆斯·博比克，（美）内奥米·巴拉班著；郎淑华等译 . —上海：上海科学技术文献出版社，2025. —（机敏问答）.

—ISBN 978-7-5439-9322-8

Ⅰ．N49

中国国家版本馆 CIP 数据核字第 2024Z7K465 号

THE HANDY SCIENCE ANSWER BOOK, 3rd Edition
by Carnegie Library of Pittsburg, James E. Bobick and Naomi Balaban
Copyright 2003 by Carnegie Library of Pittsburg
Published by arrangement with Visible Ink Press c/o Nordlyset Literary Agency
through BARDON CHINESE CREATIVE AGENCY LIMITED
Simplified Chinese translation copyright © 2025
by Shanghai Scientific & Technological Literature Press
ALL RIGHTS RESERVED

图字：09-2024-0430

责任编辑：姚紫薇
封面设计：留白文化

无处不在的科学

WUCHUBUZAI DE KEXUE

[美]詹姆斯·博比克　内奥米·巴拉班　著　郎淑华　等译
出版发行：上海科学技术文献出版社
地　　址：上海市淮海中路 1329 号 4 楼
邮政编码：200031
经　　销：全国新华书店
印　　刷：商务印书馆上海印刷有限公司
开　　本：787mm×1092mm　1/16
印　　张：11
字　　数：193 000
版　　次：2025 年 4 月第 1 版　2025 年 4 月第 1 次印刷
书　　号：ISBN 978-7-5439-9322-8
定　　价：38.00 元
http://www.sstlp.com

前　言

在当今这个瞬息万变的时代，生活的每一个角落都在经历着前所未有的深刻变革，而科学技术的迅猛发展无疑是这场变革的最强驱动力。面对这股不可遏制的科技浪潮，我们不禁深思：如何在这股力量的推动下，持续学习新知，解答从日常生活琐碎到浩瀚宇宙奥秘的种种疑问？

科学技术，作为现代社会的基石，其重要性已渗透至我们生活的每一个细节。难以设想，若无计算机的存在，世界将如何运转。曾几何时，计算机是高高在上的科技象征，而今，即便是最普通的个人电脑，其性能也已远超昔日的大型机，成为我们日常生活中不可或缺的智慧伙伴。从指尖轻触间浏览全球资讯、便捷购物，到创意无限的数字创作，再到精密的科学计算与家庭财务管理，计算机以其无尽的潜能重塑着我们的生活方式，成为我们探索未知、解决问题的强大工具。同时，智能手机的普及更是将科技的便利带到了每一个人的手中，让我们能够跨越时空的限制，与世界紧密相连。

然而，科技的飞速发展与专业知识的日益深化，也让我们的生活变得更加复杂，充满了未知与挑战。面对这些未解之谜与困惑，我们往往渴望找到清晰的答案。因此，本书应运而生，旨在以通俗易懂的语言，解答那些广受关注、引人深思的问题，引领读者走进科学的殿堂，更好地理解这个世界。

在编写过程中，我们特别注重科学术语的普及与解释，力求让读者在轻松愉快的阅读中收获知识，启迪思维。值得注意的是，科学领域的数据往往因研究视角与计算方法的不同而存在差异。对于可能的出入，我们已在书中进行了必要的注释与说明，并提供了替代的数字或日期以供参考。

作为一本适合全家阅读的参考书，本书不仅适合成人阅读，也易于孩子理解，能够激发他们对世界的好奇心与探索欲。无论是简明扼要的回答，还是深入浅出的解释，都旨在帮助读者跨越知识的门槛，走进科学的殿堂。同时，书中还提供了公制量度单位与美国惯用计量单位的对照，方便读者在不同情境下的使用。

目录

第 **1** 章
物理和化学

能量、运动、力和热

▋▋▋ "绝对零度"是如何定义的?

绝对温度是指物质处于零热能状态时的理论温度。起初,绝对零度被认为是一种理想的气体在持续的压力下,其体积收缩为零时的温度。绝对温度在热力学方面具有重要意义,被用作绝对温度计的固定值。绝对零度用 0 K(−459.67 ℉或−273.15℃)表示。

物质分子运动的速度决定该物质的温度。分子运动得越快,分子所需要的空间(体积)就越大,温度上升得就越高。绝对零度作为一个理论上的极限,实际上是不可能达到的。

▋▋▋ 热水比冷水结冰更快吗?

一桶热水不会比一桶冷水结冰更快。可是,如果一桶水事先被加热或烧开,然后再冷却到跟那桶冷水一样的温度,那么这桶水就可能比那桶冷水结冰要快。在加热或烧开过程中,水中的一些气泡会冒出来。因为气泡降低了热传导性,所以这些气泡能抑制结冰。基于同样的原理,之前加热过的水比没有加热过的水结冰要密实。这就是热水管往往比冷水管先被冻裂的原因。

▋▋▋ 什么是超导电性?

超导电性是指许多金属、合金、化合物及陶瓷,通常在低温时所呈现的零电阻的特性。荷兰物理学家海克·卡莫林·翁内斯（Heinke Kamerlingh Omnes）于 1911 年首次发现超导现象。美国 3 位物理学家——约翰·巴丁（John Bardeen）、利昂·N. 库珀（Leon N. Cooper）和约翰·罗伯特·施里弗（John Robert Schrieffer）发展了有关这一现象的现代理论。这一理论被称作 BCS 理论，是以这三位物理学家姓氏的首字母命名的。BCS 理论认为，由于某些材料中的电子在流动时不是自由无序地到处乱撞，而是形成有序的电子对，并且不损失能量，这些材料因此就出现了超导现象。巴丁、库珀和施里弗因在建立超导电性理论方面的研究，于 1972 年获得诺贝尔物理学奖。在超导电性领域的进一步突破是 J. 乔治·贝德诺兹（J. George Bednorz）和 K. 亚历山大·米勒（K. Alexander Müller）在 1986 年完成的。贝德诺兹和米勒发现一种由镧、钡、铜和氧构成的陶瓷材料，这种材料在 35 K（−238℃）时出现超导电性，超导温度远远超过其他任何材料。贝德诺兹和米勒在 1987 年获得诺贝尔物理学奖。这是一项意义重大的成就，因为在大多数情况下，诺贝尔奖仅授予那些颁奖前 20 ~ 40 年内所做出的发现。

▍▍▍ 超导电性有哪些实际应用？

对于超导电性，人们已经提出了各种各样的应用，其应用领域非常广泛，如电子、交通、电能等领域。科学家现在还在继续研究开发功率更强大、效率更高的电动机及能够测量极其微小磁场的医学诊断装置。在电力传输过程中，由于传统铜线的电阻作用，15% 的电能被损耗，因此，超导电性在电子传输领域具有很大的研发潜力。人们应用功率更强大的电磁铁，制造高速磁悬浮列车。随着新材料和新技术的发展，超导电性的应用范围将进一步扩大。

▍▍▍ 什么是弦理论？

弦理论是粒子物理学中一种相对较新的理论，它认为粒子不是点，而是线或环。这种观点是理论上的，因为在实验上还没有发现任何"弦"。弦理论的最终解释可能需要一种新几何学——一种也许涉及无限维度的几何学。

▍▍▍ 什么是惯性？

宇宙中所有物体和物质保持静止，或者运动中的物体或物质在没有外力作用下保持同一方向的运动，这种趋势称作惯性。艾萨克·牛顿（Isaac Newton）因此创立了牛顿第一定律。要移动某一静止的物体，必须要有足够大的外力克服该物体的惯性。物体越大，移动它所需要的力也就越大。牛顿在 1687 年发表的《自然哲学的数学原理》（*Philosophae Naturalis Principia Mathematica*）一书中，提出了他的三大运动定律。牛顿第二定律：移动某一物体的力等于该物体的质量乘以其加速度（$F = MA$）。牛顿第三定律：每个作用力都有一个大小相等、方向相反的反作用力。

▌▌▌ 为什么高尔夫球有微凹坑？

高尔夫球上的微凹坑使作用于高尔夫球上的空气阻力（一种使物体穿过气体或流体时失去能量的力）减少到最小，使球运动的距离超过光滑的球运动的距离。当空气流过有微凹坑的高尔夫球表面时，附着在球体上的时间较长，从而减少消耗球体能量的涡流或气流的影响。一只有微凹坑的高尔夫球能运行 300 多码（275 米），而一只光滑的球只能行进 70 码（65 米）。一只高尔夫球上可能有 300 ～ 500 个小凹坑，坑深 0.01 英寸（0.25 毫米）。影响球运动距离的另一种方式是给球一个后旋。有了后旋，作用于球顶部的空气压力就会变小，球就会在空中停留更长的时间（就像飞机一样）。

▌▌▌ 为什么曲线球沿曲线前进？

曲线球实际上是在沿着曲线前进，还是曲线运行过程中的明显变化只是一种视觉错感，这一问题已争论了许多年。在 1959 年，莱曼·布里格斯（Lyman Briggs）证明，球在投球手和击球手之间运行的 60 英尺 6 英寸（18.4 米）距离中，球能沿曲线前行 17.5 英寸（44.45 厘米）。一只快速旋转的棒球受到两次上升力的作用，出现曲线飞行。其中一种上升力叫马格努斯力，是以它的发现者——德国物理学家马格努斯（H. G. Magnus）的姓氏命名的。另一种上升力叫尾流偏转力。马格努斯力使曲线球向侧边移动，因为作用于球两侧的力不平衡。棒球上的缝线使球一边的压力小于另一边，这就使球的一边比另一边旋转得快，结果造成球的"曲线前进"。尾流偏转力也使球向一边偏斜。因为空气在运动行进并自我旋转着的球体表面上停留的时间较长，所以球的飞行轨迹发生了偏移。

▌▌▌ 什么是"麦克斯韦妖"？

"麦克斯韦妖"（Maxwell's demon）是一个假想的生物，它通过开、关两团气体之间的一道微小的门，在理论上就能使一团运动速度较慢的气体分子集中在一边（使气体变得更冷），也能使另一团运动速度较快的气体分子集中在另一边（使气体变得更热），因而打破了热力学中的第二定律。这一定律的基本陈述是，热量不会自然地从较冷的物体流向较热的物体，要做到这一点，必须消耗能量。这一假说是詹姆斯·C.麦克斯韦（James C. Maxwell）在1871年提出来的，他被认为是19世纪最伟大的理论物理学家。这个"妖"会使分子产生有效的流动，从而使它的热力学能量增加，这种额外的热能对做功是有用的，这一系统会成为一种永动机。大约1950年，法国物理学家莱昂·布里渊（Lēon Brillouin）证明了麦

1687年，牛顿发表了《自然哲学的数学原理》，为力学奠定了基础。

为什么回旋镖投出后会回到投掷者手里？

　　两个著名的科学原理说明了回旋镖的独特飞行：（1）在回旋镖上方，空气的流动对回旋镖弯曲的表面产生上升力；（2）旋转陀螺仪不愿从其位置上移开。

　　当一个人投出回旋镖后，投掷者正确地投掷会使回旋镖垂直旋转。结果，回旋镖就会产生升力，但这个力不是垂直向上的力，而是偏向一边的力。当回旋镖垂直旋转并向前运动时，流过回旋镖旋翼上面的空气，在某一时刻的速度超过同一旋翼下面同一时刻空气流过的速度。于是，旋翼上面的压力小于旋翼下面的举力，就产生了上升力。回旋镖试图扭曲过来，但是由于回旋镖在快速旋转，动作就像陀螺仪一样，以弧形向侧边转动。如果回旋镖有足够长的时间停留在空中的话，就会绕个满圆，回到原处。每个回旋镖都有一个内置的轨道直径，它不会因投掷者投掷力强度的大小或回旋镖旋转的快慢而受到影响。

克斯韦的假设不正确。布里渊证明在运动速度快的分子和运动速度慢的分子的选择中，由于"妖"的作用而产生的熵的减少将会被熵的增加所抵消。

磁学学科的创立者是谁？

英国物理学家威廉·吉尔伯特（William Gilbert）认为地球是一个巨大的磁体，并详细研究了地球倾角磁场和变化磁场。他探索了许多磁性和静电现象。吉尔伯特（符号 Gb），一种磁单位，就是以他的姓命名的。

美国物理学家约翰·H. 范弗莱克（John H. van Vleck）对现代磁学理论作出了重大贡献。他的配体场理论解释了许多元素及化合物的磁性、电性和光性，证明了温度对顺磁材料的影响（称为范弗莱克顺磁性），并创立了关于原子及其成分的磁性理论。

威廉·吉尔伯特最早解释了电与磁之间的关系。

谁首次记载了自燃现象？

自燃指的是大量储存的材料自行着火燃烧。它是由于材料内部的氧化使得材料的热量增加而引起的。氧化通常是失去电子的反应，特别是当氧与一种物质结合，或当化合物中的氢被移走时。因为氧化产生的热不能散入周围的空气中，因此材料的温度一直上升，直到材料的温度达到燃点并起火。

公元 290 年，我国的《博物志》一书在描述储存的油布着火时，就记载了这种自燃现象。西方对自燃现象最早的认识是在 1757 年。那年杜哈梅（J. P. F. Duhamel）讨论了在 7 月的阳光下晾晒的一堆浸油帆布燃起的大火。在认识到自燃现象以前，这样的事件通常归咎于纵火犯。

什么是燃素？

燃素是 18 世纪时用来描述燃烧过程中释放出的一种假想物质。燃素理论是德国化学家兼物理学家格奥尔格·恩斯特·施塔尔（Georg Ernst Stahl）在18世纪初期建立的。

施塔尔认为，可燃材料（如煤或木头）富含一种叫作燃素的物质。燃烧后的残留物中没有燃素，因此不能再燃烧。金属生锈也涉及燃素的转移。这一被普遍接受的理论解释了化学家以前不知道的许多现象。例如，金属冶炼就符合燃素理论，正如碳燃烧时失去重量一样，燃素的失去也会减少或增加重量。

法国化学家安托万·洛朗·拉瓦锡（Antoine Laurent Lavoisier）证明，当金属变成氧化物时，其增加的质量恰好等于容器中失去的空气的质量。拉瓦锡还证明，一部分空气（氧）对燃烧来说是必不可少的，没有任何材料会在无氧情况下燃烧。施塔尔燃素理论到拉瓦锡氧化理论的过渡，标志着18世纪末现代化学的诞生。

▊▊▊ 纸的燃点是多少？

一般来说，普通纸张的燃点在130℃到255.5℃之间。

▊▊▊ 什么是绝热过程？

绝热过程指系统与周围环境之间没有热交换的热力学过程。

▊▊▊ 北半球和南半球的下水旋转方向不同吗？

在北半球，如果水从完全对称的浴缸、水池或马桶中流出，水就会沿着逆时针方向旋转。在南半球，水会沿着顺时针方向旋转流出。其原因在于科里奥利效应（地球的自转对地球表面运动的空气和水体的影响）。然而，有些科学家认为，这种影响对小型水体不起作用。水在赤道上会垂直向下流。

▊▊▊ 谁发明了回旋加速器？

回旋加速器是由美国物理学家欧内斯特·劳伦斯（Ernest Lawrence）于1934年在加利福尼亚伯克利大学发明的，用于研究原子核的结构。回旋加速器产生高能粒子，高能粒子以螺旋方式向外高速运动，且不断加速，而不是通过极长的直线加速器加速。

▮▮▮ 什么是莱顿瓶？

莱顿瓶是最早储存电荷的容器。最初由 E. 乔治·冯·克莱斯特（E. Georg van Kleist）于 1745 年提出。之所以叫"莱顿瓶"，是因为莱顿大学物理学教授皮德·冯·穆申布鲁克（Pieter Van Musschenbroek）也使用过这个装置。莱顿瓶是第一个能够存储大量电荷的装置。莱顿瓶中有一个与水、水银或电线相连的内部电极。外部电极是拿着瓶子的人的手。改进的莱顿瓶的内外层分别涂以金属箔。内部的金属箔与导线相连，终端为一个球形导体，这样就不需要电解液。在使用时，莱顿瓶通常由静电发电机充电。莱顿瓶现在仍然用于课堂上的静电演示。

光、声音和其他波

▮▮▮ 光速是多少？

光在真空中每秒运行速度为 186 282 英里（299 792 千米）。

▮▮▮ 光的原色是什么？

光的颜色取决于可见光的波长（沿光波传播方向两个相邻波峰之间的距离）。那些混合在一起形成"白光"的颜色，从最长波长到最短波长的顺序依次为：红、橙、黄、绿、蓝、靛、紫。除了靛色外，所有这些单色光都在光谱中占据大片区域（电磁辐射光束折射时产生的整个波长范围）。光束经过棱镜时产生折射，这时可以见到这些颜色的色带。有些人认为，光的基本颜色是光谱中占据大片区域的六种单色，即红、橙、黄、绿、蓝和紫。许多物理学家承认 3 种基本颜色：红、黄和蓝。把两种基本颜色以不同比例合在一起，可以构成所有其他颜色。在光谱两端的红外线和紫外线是人类肉眼无法看见的。

▮▮▮ 偏振太阳镜是如何降低强光的？

水、玻璃和雪的水平面反射的阳光发生部分偏振，偏振的方向主要是水平面方向。这样的反射光可能会很强烈，以至于产生眩光。墨镜中的偏振材料会阻挡与透射轴垂直方向的偏振光。偏振太阳镜的镜片透射轴就是垂直的。

在太阳光下和在商店里荧光灯下看到的服装的颜色为什么不同？

白光是由所有颜色的光合成的，但每一种颜色的光都有不同的波长。虽然阳光和荧光看起来都像"白光"，但每种光都是含有略微不同波长的混合光。当日光和荧光（白光）被一件服装吸收时，只有构成白光的部分波长从服装上被反射出来。当视网膜观察到服装"颜色"时，其实看到的只是这些反射的波长。波长的混合决定观察到的颜色。同样一件服装，其颜色在商店里与在街上看到的不一样，原因就在于此。

安德斯·埃斯特朗对光谱学的发展作出了怎样的贡献？

瑞典物理学家及天文学家安德斯·约纳斯·埃斯特朗（Anders Jonas Ångström）是光谱学创立者之一。他早期的研究工作为光谱分析（发出或吸收的电磁辐射范围的研究）奠定了基础。他对太阳光谱及北极光光谱进行了研究。在 1868 年，他确立了大于100 条夫琅和费线的波长的测量方法。1907 年，为了纪念埃斯特朗，光谱谱线波长单位埃（符号 Å，等于 10^{-10} 米）被正式采用。

迈克耳孙-莫雷的实验有何重要性？

光波实验最初是在 1881 年由物理学家阿尔伯特·A. 迈克耳孙（Albert A. Michelson）和 E. W. 莫雷（E. W. Morley）在美国进行的，它是物理学上最具有历史意义的实验之一，实验结果导致了爱因斯坦相对论的发展。最初的试验利用迈克耳孙干涉仪，试图借助假设的"以太"（当时认为光在太空中的传播介质是"以太"）来测定地球的速度。实验测量了地球运动方向上的光速和与地球运动方向成直角方向的光速，没发现两种光速有什么差异。试验结果证明，"以太"理论是不可信的，最终使爱因斯坦提出，光速是一个普通的常数。

为什么航天飞机进入大气时会出现双音爆现象？

只要空中的物体，例如飞机，飞行速度低于音速（1 马赫），受到干扰的空气就会在飞行器前保持均匀分布。但是当飞行器的速度达到或超过 1 马赫，以超音速状态飞行时，飞行器前面的空气压力就会急剧升高。在某种程度上来说，空气分子被聚集压缩在一起。飞行器这时穿越空气分子，就会与已经压缩了的空气分子发生碰撞，从而产生冲击波。当冲击波传播到地面时，听起来有如轰隆隆的雷鸣，称为音爆或超音速爆震。超音速飞行的飞机产生许多冲击波，但这些冲击波通常凑在一起形成两个主要的冲击波，一个来自机头部位，另一个来自机尾部位。两个冲击波以不同的速度运动，如果两个冲击波之间的时间差超过 0.10 秒，人们就会听到两次音爆。当飞机速度上升或下降时，就会发生这种现象。如果飞机飞行得较慢，对观察者来说，两次音爆听起来就像只有一次音爆。

▮▮▮ 贝壳内所听到的声音是什么引起的？

将一只贝壳放到耳边，听到的声音是周围环境发出的轻柔的声音，这些声音被贝壳腔室共振并放大了。人耳对声音的极度敏感性由贝壳的共振效应表现出来。

▮▮▮ 什么是多普勒效应？

奥地利物理学家克里斯琴·多普勒（Christian Doppler）在 1842 年解释了由运动的物体（声源）发出或正在移动的接受器接收的辐射（如声音或光）波长明显变化的现象。当运动的声源接近时，波频率增加，且波长减小，从而产生高音和蓝色光（叫蓝移）。同样地，当声源离开接受器时，波频率减小，音高降低，光变成红色（叫红移）。这种多普勒效应通常由从远处驶近的列车的汽笛声或喷气式飞机的轰鸣声得到证明。

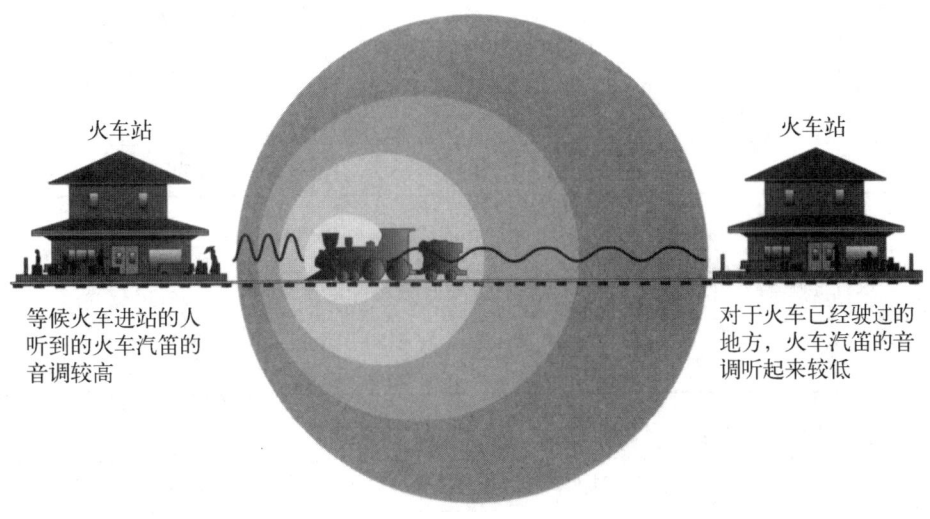

火车站　　　　　　　　　　　　　　　　　　　　　火车站

等候火车进站的人
听到的火车汽笛的
音调较高

对于火车已经驶过的
地方，火车汽笛的音
调听起来较低

▮ 多普勒效应。

声学（声音）多普勒效应和光学（光）多普勒效应之间有 3 个差异。光频的变化不取决于光源或观察者的移动，也不受光波移动时穿过的介质的影响，但声频却受到这些方面的影响。如果光源或观察者在与光源和观察者连线垂直的角度进行移动，光频的变化就会受到影响。而在这种情况下，观察到的声频的变化却没有受到影响。多普勒现象的应用包括多普勒雷达和天文学家对天体运动和方向的测量。

什么是分贝？

分贝是声音的强度单位（符号为 dB）。20 分贝的声音是 10 分贝声音的 10 倍；30 分贝的声音是 10 分贝声音的 100 倍，以此类推。1 分贝是人耳能够检测到的声音之间的最小差异。

分 贝 数	声 音 效 果
10	轻声耳语
20	小声说话
30	正常讲话
40	轻微车流声
50	大声讲话
60	嘈杂的办公室
70	街道车流声，静静行驶的卡车
80	摇滚乐，地铁
90	繁忙的交通，雷声
100	喷气式飞机起飞的轰鸣声

什么是音阶的声频？

等 调 和 音 阶

符 号	频 率	符 号	频 率
C♭	261.63	G	392.00
C#	277.18	G#	415.31

符 号	频 率	符 号	频 率
D	293.67	A	440.00
D♯	311.13	A♯	466.16
E	329.63	B	493.88
F	349.23	C♮	523.25
F♯	261.63		

注：♭为降半音符号；♯为升半音符号；♮指本位音。

可辨别为音符的最低声频大约为 20 赫兹，人耳可听见的最高频率大约为 2 万赫兹。赫兹（符号 Hz）是频率的国际制单位，用来表示每秒周期性事件发生的次数。1 赫兹等于 1 秒钟内发生 1 次周期性事件。

▮▮▮ 声速是多少？

声速是一个常数，它随传播介质的不同而变化。在空气介质中测量声速要考虑许多因素，包括空气的温度、压力及纯度。在 32 ℉（0℃）时的海平面上，科学家们对声速的标准数值没有取得一致的意见，估计在 740 ~ 741.5 英里 / 时（1 191.6 ~ 1 193.22 千米 / 时）之间。当空气温度升高时，声速也随之增加。声音在水中比在空气中传播得快，在钢铁中传播得更快。在空气中，声音 5 秒钟内传播 1 609 米，而在水下，1 秒钟就可传播同样的距离，在钢铁中仅需要 1/3 秒。

▮▮▮ 阿尔法（α）、贝塔（β）和伽马（γ）射线分别具有哪些特性？

辐射是一个术语，描述了原子以 X 射线、γ 射线、中子或带电粒子的形式释放能量的所有方式。大多数原子是稳定的，非放射性的。有些原子是不稳定的，放射出粒子或 γ 射线。被放射性粒子撞击的物质可以变成放射性的，并释放出 α 粒子、β 粒子及 γ 射线。

α 粒子，最初由法国物理学家安托万·亨利·贝克勒尔（Antoine Henri Becquerel）发现。α 粒子带有正电荷，由两个质子和两个中子组成。由于质量巨大，α 粒子在空气中只能行进很短的距离，射程约为 2 英寸（5 厘米），一张纸就能使它停止。

β 粒子由英国物理学家欧内斯特·卢瑟福（Ernest Rutherford）发现，是以光速运动的速度极快的电子。β 粒子可以在真空中传播很远，可以穿过几毫米厚的固体物体。

γ 射线由皮埃尔·居里（Pierre Curie）和居里夫人（Marie Curie）发现。γ 射线与 X 射线相似，但波长较短。γ 射线是光子的爆发，或是波长很短的电磁辐射，以光速传播。其穿透性比 α 粒子或 β 粒子强很多，可以穿透 7 英寸（18 厘米）的铅板。

物　质

原子理论是谁提出来的？

现代原子结构理论最初是由日本物理学家长冈半太郎（Hantaro Nagaoka）于 1904 年提出的。在他的模型中，电子围绕一微小的中央原子核旋转。1911 年，欧内斯特·卢瑟福发现了更多证据，证明了原子核极其微小且密度极大，并有一群体积大得多且密度较小的电子环绕在周围。1913 年，丹麦物理学家尼尔斯·玻耳（Niels Bohr）提出原子理论，即电子在对应于电子能级的同心量子壳层中围绕原子核进行轨道运动。

什么是第四物态？

由自由电子及离子或原子核组成的物质为等离子体，有时也称为物质的"第四种状态"。等离子体出现在热核反应中，如太阳、荧光灯及恒星内部。当气体温度升到足够高时，原子发生激烈碰撞，电子就会被撞松，离开原子核。带有松散的、带负电荷的电子和较重的、带正电荷的原子核的气体叫等离子体。

所有物质都是由原子构成的。动物和植物是有机物质，矿物质和水是无机物质。物质通常呈现为固态、液态或气态。固体分子中的原子具有刚性结构。液体中的分子聚集在一起，但不紧密。气体中的分子间隔很大，四处流动，偶尔会相互碰撞，但通常没有相互作用。固体、液体和气体是物质的前 3 种状态。

核裂变和核聚变的区别是什么？

核裂变是指一个原子核分裂成至少两个大致相等的部分。核聚变是指两个较轻的原子核，如氢和氦，聚合在一起，形成一个较重的原子核的核反应过程。在核裂变和核聚变过程中，都会产生大量的能量。

通常认为谁是电子、质子和中子的发现者？

1897年，英国物理学家约瑟夫·约翰·汤姆孙爵士（Sir Joseph John Thomson）在研究气体的电传导过程中发现，阴极射线是由被称为电子的带负电的粒子组成的。电子的发现开创了原子的电理论，汤姆孙也因这一重大发现以及其他研究成果而被认为是现代原子物理学的创立者。

欧内斯特·卢瑟福于1919年发现了质子。他还预测了中子的存在。后来，他的同事詹姆斯·查德威克（James Chadwick）发现了中子，因此获得了1935年的诺贝尔物理学奖。

夸克因何得名？

夸克是理论上的粒子，被认为是物质的基本单位。夸克是由美国理论物理学家、诺贝尔奖获得者默里·盖尔曼（Murray Gell-Mann）命名的。夸克起初是盖尔曼随意想出来的一个词，听起来像"Kwork"（阔克）。后来，盖尔曼读到了詹姆斯·乔伊斯（James Joyce）的小说《为芬尼根守灵》（Finnegan's Wake）中的"向麦克老大三呼夸克"（Three quarks for Master Marks）这句话，于是这个词就变成了夸克（Quark）。现在已知的夸克有6种，分别用上、下、奇、粲、顶和底来区别。每种夸克有三种不同颜色（红、蓝和绿）。18种夸克都有不同的电荷（这是所有基本粒子的一个基本特征）。三个

盖尔曼建立了他称为"夸克"的基本粒子的存在理论。

夸克组成一个质子（带有一个单位的正电荷）或一个中子（零电荷），两个夸克（一个夸克和一个反夸克）组成一个介子。同所有已知的粒子一样，夸克有自己的反物质对应物，称为反夸克（具有相同的质量，但相反的电荷）。

▮▮▮ 理查德·费曼对物理学作出了怎样的贡献？

理查德·费曼（Richard Feynman）发展了量子电动力学理论，描述了电子、正电子和光子之间的相互作用，为物理学家研究电子提供了一种新的方法。费曼用自己的方式重构了量子力学和电动力学，制定了一个可测量量的矩阵，该矩阵通过一系列称为费曼图的图形进行可视化。费曼因为在量子电动力学方面的研究成果，获得 1965 年的诺贝尔物理学奖。

▮▮▮ 什么是亚原子粒子？

亚原子粒子是比原子小的粒子。从历史上来说，人们认为亚原子粒子是电子、质子和中子。然而，亚原子的定义现在已经扩大到包括基本粒子在内。基本粒子非常小，以至于它们似乎不能再由更小的单位组成。在 20 世纪，随着越来越先进的设备和技术的发展，人们对这种基本粒子的物理研究成为可能。在 20 世纪下半叶，人们已经发现许多新的粒子。

根据粒子的自旋、质量或它们的共性来组织粒子，人们提出了许多建议。有一个系统现在普遍称为标准模型。这个系统说明了两大基本类型的基本粒子：夸克和轻子。其他传递力的粒子称作玻色子，如光子、胶子和弱子都是玻色子。轻子包括电子、μ 子、τ 子及三类中微子。夸克在自然界中从不单独出现，它们总是组合在一起，形成粒子，称作强子。根据标准模型，所有其他的亚原子粒子都是由夸克及其反粒子的某些组合而构成的。一个质子由三个夸克组成。

▮▮▮ 什么是依数性？

依数性是溶液的性质，只和溶质的粒子数目有关，而与溶质粒子本身的性质无关。依数性包括蒸气压降低、沸点升高、凝固点降低以及渗透压等。对生物体系来说，最重要的依数性是渗透压。

除水以外，什么物质固态时比液态时密度小？

除了水，铋具有这一特性。密度（质量与体积的关系或物体的质量除以它的体积）指一种物质有多紧密或坚实。例如，水的密度为 1 g/cm^3（克/立方厘米）或 1 kg/L（千克/升）。岩石的密度为 3.3 g/cm^3。纯铁的密度为 7.9 g/cm^3。地球（作为一个整体）的（平均）密度是 5.5 g/cm^3。水在固态状态下（即冰）会漂浮，这是好事，否则，冰就会沉到所有湖泊或河流的底部。

为什么液态水比冰的密度大？

纯液态水在 39.2 ℉（3.98℃）时密度最高，当水结成冰时密度减小。这是因为当水形成冰时，氢键使分子形成相对固定的几何模式，产生了一种展开的、有渗透性的结构。液态水具有较少的氢键，因此，更多的分子能占据同样大的空间，使液态水的密度比冰更大。

何谓半衰期？

半衰期是指放射性原子核的数目衰变到其原来数目的一半所需要的时间。因此，如果某一样本的半衰期是一年，那么一年后，其放射性将衰减到原来的一半；到第二年末，则衰变到原来的 1/4。某种物理放射性核素的半衰期总是一样的，不受温度、化学结合或其他任何条件的影响。自然辐射是法国物理学家安托万·贝克勒尔在 1896 年发现的。这项发现奠定了现代核物理学的基础。

谁首先用无机成分人工合成了有机化合物？

1828 年，德国化学家弗里德里希·维勒（Friedrich Henri Wohler）用氨和氰酸合成尿素。这项合成给生命活力理论以致命的打击。生命活力理论认为，有机化合物和无机化合物之间存在着明确的、根本的差异。瑞典化学家永斯·雅各布·贝采利乌斯（Jöns Jakob Berzelius）提出，这两种化合物是根据完全不同的定律，从化合物的元素中产生的。有机化合物是在生命活力的影响下产生的，因此无法人工制备。这一区分因维勒的合成而宣告结束。

▌▌▌ 谁被认为是晶体学的创始人？

法国牧师及矿物学家勒内-朱斯特·赫羽衣（René-Just Haüy）被称为"晶体学之父"。1781 年，赫羽衣把一块方解石摔到了地上，意外地将其摔成了小碎片。他注意到碎片沿着直线平面断裂，这些平面以固定角度相交。赫羽衣假设，每一个晶体都由一连串现在称作晶胞的东西构成，形成带有固定角度的简单几何形状。晶体形状的一致性或差异意味着化学成分的相同或不同。这就是晶体学的开始。

19 世纪早期，许多物理学家进行晶体实验，他们对晶体能折射光并将光分离成其组成颜色的能力尤其感兴趣。新兴光学矿物学的一位重要成员是英国科学界的大卫·布鲁斯特（David Brewster），他根据晶体的光学特性，成功地将大多数已知晶体进行分类。

19 世纪中期，法国化学家路易·巴斯德（Louis Pasteur）的研究工作为晶体偏振测量（一种使光偏振或对准到单一平面的方法）奠定了基础。皮埃尔·居里和其兄雅克·居里（Jacques Curie）发现了某些晶体呈现的另一种现象——压电效应。这是某些晶体在受到机械应力后呈现的电场效应。

对晶体的最重要应用也许是在 X 射线晶体学这个领域。德国物理学家马克思·冯·劳厄（Max von Laue）最早进行了这个领域的实验。这项研究工作因威廉·亨利·布拉格（William Henry Bragg）与其子威廉·劳伦斯·布拉格（William Lawrence Bragg）而得以完善，他们因此一起荣获诺贝尔物理学奖。青霉素和胰岛素的合成因 X 射线晶体学的使用而成为可能。

什么是"化学花园"？它是如何制作的？

将 4 汤匙的靛青漂白粉、4 汤匙盐、1 汤匙家用氨水混合在一起，将混合物放到装在盘子或碗中的煤块或砖块上。在煤块的各个不同地方滴几滴红色或绿色墨水，或汞溴红，然后放置几天不要动。

一个"化学花园"（一盘长得像植物，看起来像珊瑚的结晶体）开始出现。结晶体开始出现的时间取决于室内的温度和湿度。不久之后，煤块在盘子上及盘子边上长出结晶体。结晶体为纯白色，呈现出雪花一样的纹理。

化学元素及其他

▮▮▮ 近代化学的创始人有哪些?

几位竞争者享有这一荣誉:

瑞典化学家永斯·雅各布·贝采利乌斯提出了现代的化学符号,测定了原子量,对原子学说作出了杰出贡献,并发现了几种新的元素。1810—1816 年,他对 2 000 多种化合物的准备、提纯和分析过程进行了描述。他测定了 40 多种元素的原子量;简化了化学符号,采用一套符号(带数字的字母)来取代之前人们使用的图形符号。今天人们仍然使用他提出的符号。贝采利乌斯发现了元素铈〔在 1803 年与威廉·希辛格(Wilhelm Hisinger)一同发现〕、硒(1818)、硅(1824)和钍(1829)。

英国自然哲学家罗伯特·波义耳(Robert Boyle)被认为是现代化学创立者之一。他最著名的发现是波义耳定律(在恒温下,气体的压强与体积成反比),他是探索实验和科学方法的先驱者之一。他还是皇家学会的创始人之一。他努力除掉化学中炼金术的神秘面纱,使化学成为一门纯科学。

法国化学家安托万-洛朗·拉瓦锡被奉为现代化学又一创始人。他对现代化学作出的大量贡献包括推翻燃素理论。在很长一段时间里,燃素理论一直是真正理解化学的障碍。他制定了化学物质的现代术语,最早进行了定量有机分析实验。人们有时认为是他发现并验证了化学反应的质量守恒定律。

英国化学家约翰·道尔顿(John Dalton)提出了物质原子理论,使其成为现代化学的一项基本理论。他的这一理论最初是在 1803 年提出的,认为每一种化学元素都是由其特有的原子构成的,这些原子都有同样的相对重量。

▮▮▮ 谁发现了元素周期表?

德米特里·伊万诺维奇·门捷列夫(Dmitry Ivanovich Mendeleyev)是俄国化学家,他的名字将永远与元素周期表的建立联系在一起。他是第一个真正理解所有元素都是某一有序系统的相关成员的化学家。他将一个杂乱无章的、推测性的化学分支,变成一项有逻辑的真正科学。他被提名为 1906 年诺贝尔化学奖的候选人,但仅以一票之差落选。50 年后,根据他的姓氏,第 101 号元素被命名为"钔",他的名字被载入史册。

根据门捷列夫的观点，元素的性质以及它们化合物的性质，都是其原子量（在20世纪20年代，人们发现，原子序数是关键，而不是原子量）的周期函数，门捷列夫编制成了第一张真正的元素周期表，列出了当时已知的63种元素。门捷列夫在周期表里预留了一些空位。他预言，最终会发现更多的元素来填上这些空位。在门捷列夫的有生之年，人们先后发现了3种元素：镓、钪和锗。

以创立元素周期表而著称的俄国化学家德米特里·伊万诺维奇·门捷列夫。

人们最早发现的元素是什么？

1669年，德国化学家亨尼希·布兰德（Hennig Brand）在从尿素中提取出一种可在黑暗中发光的蜡样白色物质时，最早发现了磷，但布兰德并没有发表他的发现结果。1680年，磷再次被英国化学家罗伯特·波义耳发现。

什么是碱金属？

碱金属是列在元素周期表左边的元素：锂（Li，原子序数3）、钠（Na，原子序数11）、钾（K，原子序数19）、铷（Rb，原子序数37）、铯（Cs，原子序数55）、钫（Fr，原子序数87）。碱金属有时称为钠族元素，或第 I 族元素。由于它们具有很强的化学活性（它们很容易形成正离子），所以在自然界中都没有单质存在。

什么是碱土金属？

碱土金属指铍（Be，原子序数4）、镁（Mg，原子序数12）、钙（Ca，原子序数20）、锶（Sr，原子序数38）、钡（Ba，原子序数56）和镭（Ra，原子序数88）。碱土金属也叫第 II 族元素。同碱金属一样，人们在自然界中没有发现它们的游离元素形式，它们是活性适中的金属元素。这些元素比碱金属更坚硬，挥发性更低，均能在空气中燃烧。

▮▮▮ 什么是过渡元素？

从第四个周期开始，在第 II 族和第 XIII 族之间的 10 个副族元素叫过渡元素，包括金（Au，原子序数 79）、银（Ag，原子序数 47）、铂（Pt，原子序数 78）、铁（Fe，原子序数 26）、铜（Cu，原子序数 29）及其他金属。所有过渡元素都是金属。同碱金属和碱土金属相比，它们通常更坚硬、更脆，且有较高的熔点。过渡金属还是热和电的良导体。它们具有可变的化合价，其化合物常常是有色化合物。之所以这么称呼过渡元素，是因为它们构成了从第 I 族和第 II 族的强正电性元素到第 VI 族和第 VII 族的负电性元素之间的逐渐过渡。

▮▮▮ 什么是超铀化学元素，93 ~ 118 号元素的名称是什么？

超铀元素是元素周期表中原子序数超过 92 的那些元素。超铀元素中的许多元素寿命短暂，不能在实验室外和自然界中存在，且原子核极不稳定。

93 ~ 118号元素

原 子 序 数	元 素 名 称	符　　号
93	镎	Np
94	钚	Pu
95	镅	Am
96	锔	Cm
97	锫	Bk
98	锎	Cf
99	锿	Es
100	镄	Fm
101	钔	Md
102	锘	No
103	铹	Lr
104	𬬻	Rf
105	𬭊	Db

原子序数	元素名称	符 号
106	𨭎	Sg
107	𨨏	Bh
108	𨭆	Hs
109	䥑	Mt
110	𨭠	Ds
111	𬬭	Rg
112	鎶	Cn
113	鉨	Nh
114	𫓧	Fl
115	镆	Mc
116	𫟼	Lv
117	石田	Ts
118	𫠃	Og

随着科学技术的进步，可能还有新的超铀元素被发现或合成。

在元素周期表中以女性姓氏命名的元素是什么？

锔，原子序数 96，是以放射性研究先驱居里夫人和皮埃尔·居里的姓氏命名的。䥑（Mt），原子序数 109，是以核裂变发现者之一——莉泽·迈特纳（Lise Meitner）的姓氏命名的。

什么是"哲人石"？

中世纪炼金术士认为存在一种物质能将贱金属转变成黄金或白银，他们把这种物质称为"哲人石"。根据一些炼金术士的观点，"哲人石"具有延年益寿及治疗各种伤痛的魔力。炼金术士对"哲人石"的执著追求，导致几种化学元素的发现。然而，神奇的"哲人石"已经被证明是虚幻的。

▮▮▮ 哪些元素是"贵金属"？

贵金属是金（Au，原子序数 79）、银（Ag，原子序数 47）、汞（Hg，原子序数 80）和铂族金属，后者包括铂（Pt，原子序数 78）、钯（Pd，原子序数 46）、铱（Ir，原子序数 77）、铑（Rh，原子序数 45）、钌（Ru，原子序数 44）和锇（Os，原子序数 76）。这个称法指的是抗化学反应或抗氧化（抗腐蚀）能力非常强的金属，与抗腐蚀能力不那么强的"贱金属"形成对比。这个词语起源于古代炼金术。炼金术士们致力于通过金属及化合物的不同属性来将普通金属转变成黄金。这个词语与"贵重金属"具有不同的含义，虽然像铂金这样的金属可能既属于贵金属，也属于贵重金属。

铂族金属有不同的用途。在美国，铂族金属中 95% 以上都用于工业。虽然在珠宝首饰制作中，铂是人们梦寐以求的材料，但铂金还用于汽车催化转换器中，以控制汽车尾气的排放，就像铑和钯一样。铑还能与铂和钯熔合，用于熔炉绕组、热电偶元件及飞行器发动机火花塞的电极中。锇用于制造药品和仪器枢轴以及留声机唱针合金。

▮▮▮ 金元素和银元素的区别是什么？

金和银除了用作贵重金属外，还具有不同于其他化学元素的特性。黄金是延展性最好的金属。最薄的金箔只有 0.000 1 毫米厚。白银是所有金属中最易反光的金属，因此被用于制作镜子。

▮▮▮ 什么是哈金规则？

原子序数为偶数的原子在世界上的数量比原子序数为奇数的原子更为丰富。元素的化学性质取决于其原子序数。原子序数是原子核中质子的数目。

▮▮▮ 哪些化学元素在常温下是液体？

汞（"水银"，Hg，原子序数 80）和溴（Br，原子序数 35）在常温 68 ℉ ~ 70 ℉（20℃ ~ 21℃）下是液态。镓（Ga，原子序数 31）的熔点为 85.6 ℉（29.8℃），铯（Cs，原子序数 55）的熔点为 83 ℉（28.4℃），它们在稍高于常温、常压下是液态。

宇宙中哪种化学元素最丰富？

氢（H，原子序数1）约占宇宙质量的75%。据估计，宇宙中90%以上的原子是氢。其他原子中大部分是氦（He，原子序数2）原子。

地球上哪种化学元素最丰富？

在地壳、水和大气中，氧（O，原子序数8）是最丰富的元素，占化合物总质量的49.5%。硅（Si，原子序数14）是第二丰富的元素。二氧化硅和硅酸盐约占地壳材料的87%。

稀有气体和稀土元素名称中的"稀有"因何而来？

稀有气体又称惰性气体，指的是氦、氖、氩、氪、氙等。它们之所以称为"稀有气体"，是因为在常温下，它们是非常稀薄（密度非常小）的气体。稀有气体仅分散地存在于大气及某些物质中，且量很小。此外，稀有气体化合价为零，一般不与其他元素结合形成化合物。

稀土元素是在元素周期表中原子序数从58～71的元素，加上钇（Y，原子序数39）和钍（Th，原子序数90）。它们之所以称为"稀土元素"，是因为它们很难从其存在的矿物中分离出来。这一词语在本质上与不足或稀有没有关系。

哪些元素是最良电导体，哪些是最差电导体？

在标准条件下，具有最低电阻（因而导电性最高）的元素是银。接下来依次为铜、金和铅。金属中导电性最差的是锰、钇和铋。

铅酸性蓄电池的工作原理是什么？

铅酸性蓄电池由悬于称为电解液的稀硫酸溶液中的正、负铅板组成。所有部件都包含在不起化学反应、不导电的外壳里。当电池放电时，电解液中的硫分子与铅板结合，释放出的多余电子形成的电子流，即为电流。

哪些元素具有最多的同位素？

有最多同位素（36个）的元素有氙（Xe）——带有9个稳定的同位素（1920—

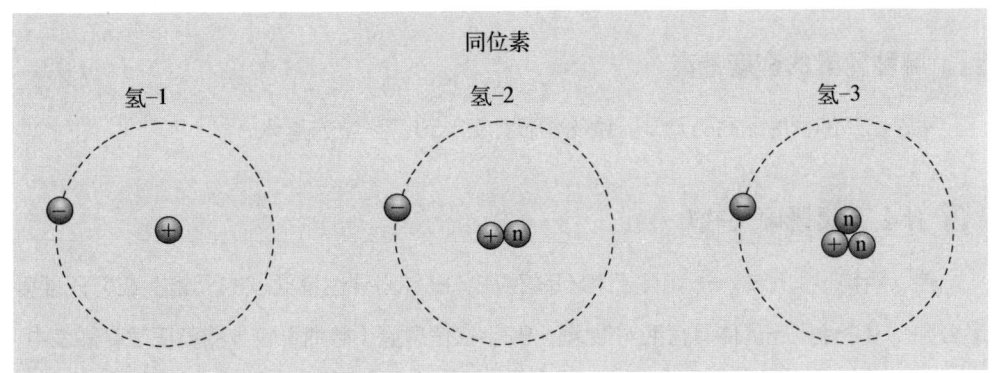

同位素

氢-1　　　　　　氢-2　　　　　　氢-3

氢同位素。

1922 年确认）和 27 个放射性同位素（1939—1981 年确认），铯（Cs）——有一个稳定同位素（1921 年确认）和 35 个放射性同位素（1935—1983 年确认）。

同位素数目最少的元素是氢（H），仅有 3 个同位素，包括 2 个稳定同位素——氕（1920 年确认）和氘（1931 年确认），还有一个放射性同位素——氚（1934 年首次确认，但后来在 1939 年被认为是放射性同位素）。

什么元素的沸点最高，什么元素的沸点最低？

在所有元素中，氦的沸点最低，为 -452.074 ℉（-268.93 ℃）。位居第二的是氢，沸点为 -423.16 ℉（-252.87 ℃）。沸点最高的元素是铼，沸点为 10 104.8 ℉（5 596℃）。紧随其后的是钨，沸点为 10 031 ℉（5 555℃）。

空气的密度是多少？

在温度为 32 ℉（0℃）、大气压为 29.92 英寸汞柱（760 毫米汞柱）的海平面上，干燥空气的密度为每升 1.29 克。

在一个大气压下，1 立方米的干燥空气的重量为：

温度（℉）	每立方米的重量（克）
50	1 275.5
60	1 252.7
70	1 230.3

▮▮▮ 哪种元素的密度最高？

锇是已知的密度最高的元素，锇的密度为 22.59 克 / 立方厘米。

▮▮▮ 什么元素既硬又软？

碳以两种不同形式——金刚石和石墨存在，既是坚硬也是柔软的元素。在努氏硬度量表中，单个金刚石晶体具有绝对最大值 90。在信息量（数值）较少的莫氏硬度量表中，金刚石的硬度为 10（最高硬度）。石墨是极软的材料，莫氏硬度只有 0.5，努氏硬度为 0.12。

▮▮▮ 什么是同分异构体？

同分异构体是分子式相同，但因分子内部原子排列不同而具有不同结构的化合物。其主要类型：结构异构体，原子以不同的方式连接；几何异构体，双键两侧所连接的原子或基团在空间中的排列不是镜像对称的；光学异构体（即镜像异构体或对映异构体），同分异构体互为实物与镜像的关系。

▮▮▮ 什么是气体定律？

气体定律是关于气体行为的物理定律，包括波义耳定律和查理定律。波义耳定律为，恒温下给定质量的气体体积与压强成反比。查理定律为：恒压下，给定质量的气体体积与其绝对温度成正比。这两个定律可以结合起来，形成一个通用气体定律，可以用公式表示为：

$$（压强 \times 体积）/ 温度 = 常数$$

阿伏伽德罗定律为，在相同的温度和压强下，相同体积的气体含有相同的分子数。

在实际气体中，没有一种气体完全遵守这些规律，但是许多普通气体在某些条件下，尤其是在高温、低压条件下都遵循这些定律。

▮▮▮ 什么是重水？

重水也称为氧化氘（D_2O），由一个氧原子和两个氘（氢的同位素）原子构成。氘的质量大约是正常氢的两倍。结果，重水的分子量约为 20，而普通水的分子量约为 18。在 6 500 份普通水中，仅可以找到大约 1 份重水。重水可以通过分馏获得。重水用于热核武器和核反应堆中。作为一种同位素示踪剂，它还用于化学和生物化学过程的研究中。重水是哈罗德·C. 尤里（Harold C. Urey）在 1931 年发现的。

什么是刘易斯酸？

刘易斯酸以美国化学家吉尔伯特·牛顿·刘易斯（Gilbert Newton Lewis）的姓氏命名。刘易斯理论将酸定义为一种能够从另一个原子中接受电子对的物质，而碱则是能够提供电子对以完成另一个原子价电子壳层的物质。氢离子（质子）就是最简单的刘易斯酸。刘易斯酸包括许多化合物，如三氟化硼（BF_3）和氯化铝（$AlCl_3$），它们能同氨反应，获得电子对，形成加合物，或称为刘易斯盐。

哪种化学制品用量最大？

氯化钠（$NaCl$），或称食盐，有 1.4 万多种用途，使用量及用途方面可能超过其他任何化学制品。

哪种化学制品现在被用作尸体防腐剂？

在 19 世纪，尸体防腐在美国已成为一种习惯做法。一般情况下，使用重金属盐（如砷、锑、铅、汞、铜）保存人类尸体，抑制细菌生长。然而到 20 世纪初，通过了禁止保存尸体时使用金属盐的法律。甲醛很快成为人们选用的化合物，并一直是尸体保存液中最常用的防腐剂。甲醛之所以受到人们的欢迎，是因为甲醛成本低，可用的形式多，使用简单。甲醛还可以在各种酸碱条件下，为细胞提供良好的保护。在排出尸体的体液后，殓尸员通常向尸体内注入甲醛溶液（福尔马林）。甲醛溶液中还有各种各样的缓冲剂，用以抑制尸体上出现"甲醛颜色"。甲醛会使尸体的皮肤变成灰色，还可能出现甲醛致癌效应。对这些可能不良后果的担心使人们开始进行各种不懈的努力，寻找一种代替品。戊酸二醛就是一种替代品，最早使用于 1955 年，尽管它有一些显著的优点，但是甲醛依然是人们经常选用的尸体防腐液。

测量法、方法论及其他

美国组织的第一个国家物理协会是什么？

美国组织的第一个国家物理协会是美国物理学会，于1899年5月20日在纽约市哥伦比亚大学成立。第一任会长是亨利·奥古斯都·罗兰（Henry Augustus Rowland）。

美国组织的第一个国家化学协会是什么？

美国组织的第一个国家化学协会是美国化学学会，于1876年4月20日在美国纽约市成立。学会的第一位会长是约翰·威廉·德雷珀（John William Draper）。

化学的四大主要分支是什么？

传统上，化学分为有机化学、无机化学、分析化学和物理化学。有机化学是专门研究碳水化合物结构和反应的化学分支。在所有已知的化学品中，90%以上都是有机化学品。无机化学是对除碳以外其他所有元素的化合物进行研究的化学分支学科。分析化学家研究的是如何测定化合物和混合物的结构和构成，他们还研究、操作进行化学分析的仪器和技术。物理化学家用物理原理来理解化学现象。

爱因斯坦最重要的贡献是什么？

阿尔伯特·爱因斯坦（Albert Einstein）是现代理论物理学的主要奠基人。他的相对论和质能关系（$E = \overline{m}c^2$）从根本上改变了人类对物质世界的理解。

仅在1905年里，爱因斯坦就发表了三篇具有划时代意义的论文。这些论文阐述了称为布朗运动的粒子运动的本质；光电效应证明了电磁辐射的量子本质；以及狭义相对论。虽然爱因斯坦可能因这些研究工作的最后一项而最为人所知，但他却因为对光电效应的量子解释获得了1921

阿尔伯特·爱因斯坦彻底改变了20世纪人类对物质世界的理解。

年诺贝尔物理学奖，成为 20 世纪最杰出的人物之一。

什么是反物质？

反物质是与正常物质正好相反的物质。英国物理学家保罗·狄拉克（Paul Dirac）描述了一系列方程，预言了反物质的存在。他试图将相对论同描述电子行为的方程式结合起来。为了使他的方程式成立，他预言存在着一种与电子相似，但电荷相反的粒子。这种粒子在 1932 年被发现，是电子的反物质对应物，叫正电子（带正电荷的电子）。其他反物质粒子直到 1955 年以后才被发现。那时，粒子加速器终于能够证实反中子和反质子（带负电荷的质子）的存在。其他反物质的例子还有反原子（正电子和反质子配对而成）。

谁是量子力学的创始人？

德国理论物理学家维尔纳·卡尔·海森堡（Werner Karl Heisenberg）被认为是量子力学（研究微观物理现象的基本规律的力学体系）之父。他在 1927 年提出了不确定性原理，推翻了传统的经典力学及关于能量和运动的电磁理论。这一理论表明，同时精确测量原子的位置和动量（质量 × 速度）是不可能的，只能进行预测。

谁发明了温度计？

亚历山大的希腊人知道空气遇热膨胀。希罗（Hero of Alexandria）和拜占庭的斐罗（Philo）制作了简单的"测温器"，但那不是真正的温度计。1529 年，伽利略（Galileo）制作了一种也可以当作气压计使用的温度计。1612 年，伽利略的朋友桑托里奥·桑托里奥（Santorio Santorio）改装了空气温度计（一种通过空气的膨胀迫使带颜色的液体下降的装置），用以测量生病及康复期间人体温度的变化。但是直到 1713 年，丹尼尔·华伦海特（Daniel Fahrenheit）才开始研制有固定刻度的温度计。他以两个"固定"的点来制定刻度：冰的熔点和健康人体的温度。他认识到，冰的熔点是个恒定的温度，而水的结冰点却会变化。华伦海特将他的温度计放进冰、水和盐的混合物中（他标为 0℃），并把这一点作为刻度的开始。他将融冰的温度标记为 32℃，血液的温度标记为 96℃。在 1835 年，人们发现正常的血液温度为 98.6 ℉（37℃）。华伦海特有时把酒精作为温度计管中的液体，但他更经常使用的是经过特别提纯的水银。后来，水的沸点（212 ℉ /100℃）成为刻度的上标固定点。

▐▐▐ 什么是 pH 值?

pH 值是溶液中 H⁺（氢离子）浓度的指标，用于测量溶液的酸度或碱度。pH 值的标度在 0 ~ 14 之间。中性溶液的 pH 值为 7，pH 值大于 7 的溶液是碱性的，而 pH 值小于 7 的溶液是酸性的。pH 值在 7 以下越低，溶液的酸度越高。pH 值每下降一个整数，表示酸度增加 10 倍。

pH值	溶 液 例 子
0	盐酸(HCl)、蓄电池酸
1	胃酸(1.0 ~ 3.0)
2	柠檬汁(2.3)
3	醋、葡萄酒软饮料、啤酒、橙汁、一些酸雨
4	西红柿、葡萄、香蕉(4.6)
5	黑咖啡、多种剃须膏、面包、正常的雨水
6	尿(5 ~ 7)、牛奶(6.6)、唾液(6.2 ~ 7.4)
7	纯净水、血液(7.3 ~ 7.5)
8	蛋清(8.0)、海水(7.8 ~ 8.3)
9	小苏打、磷酸盐洗涤剂、漂白水、止酸剂
10	肥皂液、镁乳
11	家用氨水(10.5 ~ 11.9)、非磷酸盐洗涤剂
12	碳酸钠
13	脱毛剂、烤箱除垢剂
14	烧碱(NaOH)

▐▐▐ 什么是开尔文温标?

温度是指气体、液体或固体的冷热程度。在公制（摄氏）温标和英制（华氏）温标中，水的冰点和沸点都用作标准量度。在公制温标中，冰点和沸点之间的温差被分成 100 等份，叫摄氏度（℃）。在英制温标中，温差被分成 180 等份，每一等份代表 1 华氏度（℉）。但温度还能从绝对零度（没有热量，没有运动）量起，这一原理定义了热力学温度，建立了一个向上测量温度的方法。这种温标叫开尔文温标，是以它的发明者威廉·汤姆森·开尔文勋爵（Lord William Thomson Kelvin）的姓氏命名的。开尔文在1848年发明了这一温标。开尔文温标（符号K）与摄氏温标（水的冰点和沸点之间的温差是100度）有同样的量度，但两种温标相差273.15度（绝对零度在摄氏温标上为−273.15℃）。

下面是3种温标的比较：

特　　征	K	℃	°F
绝对零度	0	−273.15	−459.67
水的冰点	273.15	0	32
人体的正常体温	310.15	37	98.6
水的沸点	373.15	100	212

摄氏度转换为开尔文，须加上273.15（K = C+273.15）。华氏度转换为摄氏度，须减32，所得差乘以5，再将乘积除以9，即 $[C = \frac{5}{9}(F-32)]$。摄氏度转换成华氏度，须乘以1.8，然后加32，即（$F = \frac{9}{5}C+32$ 或 F = 1.8C+32）。

▊▊▊ 最初的摄氏温标与现在的摄氏温标有何不同？

1742年，瑞典天文学家安德斯·摄尔修斯（Anders Celsius）将水的冰点定为100℃，沸点定为0℃。卡罗勒斯·林奈（Carolus Linnaeus）把这种温度顺序倒了过来。但后来的教科书把改动的温标归功于摄尔修斯，摄氏温标这个名称就一直保留了下来。

▊▊▊ 谁发明了色谱法？

色谱法最早由俄国植物学家米哈伊尔·茨维特（Mikhail Tswett）于20世纪初发明。这一技术最初用于分离不同的植物色素。色谱法现已经发展成为一种广泛使用的方法，用以分离物质的各种成分。色谱法分为高效液相色谱法（HPLC）、气相色谱法和纸色谱法等。不同的色谱技术用在法医科学和分析实验室中。

▊▊▊ 什么是核磁共振？

核磁共振（NMR）是原子核吸收外界磁场能量的过程。分析化学家利用核磁共振光谱学，鉴别未知的化合物、检测杂质、研究分子的形状。他们使用的核磁共振的原理为，不同的原子将以略微不同的频率吸收电磁能量。

什么是标准温度和压力（STP）？

缩写词 STP 常常指标准温度和压力。为方便起见，科学家选择了一个特定的温度和压力作为比较气体量的标准。标准温度为 0℃（273 K），标准压力是 760 托（1 个大气压）。

电学术语"安培"是怎么得来的？

安培是以法国物理学家安德烈·玛丽·安培（André Marie Ampère）之姓氏命名的，这一物理学家提出了电动力学的基本定律。安培（符号 A）是电流单位，常缩写为"安"。安培的定义为，真空中相距 1 米的两个无限长且平行的直线导体，产生 2×10^{-7} 牛顿 / 米的力所需流经导体的恒定电流。例如，流经一只 100 瓦灯泡的电流量为 1 安培，流经烤面包机的电流量为 10 安培，电视中的电流为 3 安培，汽车电池中的电流为 50 安培（启动时）。1 牛顿（符号 N）被定义为，使质量为 1 千克的物体产生 1 米 / 秒加速度所需的力，即 $1 \text{ N} = 1 \text{ kg}^{ms-2}$。

电学单位"伏特"是怎么得来的？

电压的单位是伏（特），以意大利物理学家亚历山德罗·伏特（Alessandro Volta）的姓氏命名。他制造了第一个现代电池组（古埃及也用铅棒和醋制造电池）。电压是测量推动电荷穿过某一材料的力或"能量"。一些常见的电压包括手电筒电池电压为 1.5 伏，汽车蓄电池为 12 伏，美国一般家庭用电源插座为 115 伏，大功率家庭用电源插座为 230 伏。

电学单位"瓦特"是怎么得来的？

瓦特，简称瓦（符号 W），是以苏格兰工程师兼发明家詹姆斯·瓦特（James Watt）的姓氏命名的，是电功率的计量单位。1 伏特电压驱动 1 安培电流通过负载装置时，用电 1 瓦特。

▌▌▌ 什么是化学中的"摩尔"？

摩尔（符号 mol）是专有名词，即物质的量的基本测量单位，指物质的 1 克原子的重量或 1 克分子的重量。每摩尔含有 6.02×10^{23} 个原子、分子或该种物质分子式单位的物质。这个数叫阿伏伽德罗常数，以意大利科学家阿马德奥·阿伏伽德罗（Amadeo Avogadro）的姓命名。阿伏伽德罗被认为是物理学的创立者之一。

▌▌▌ 什么是摩尔日？

摩尔日由美国国家摩尔日基金会组织，以促进人们对化学的认识及热情，在每年 10 月 23 日庆祝。

第 **2** 章
重量单位、度量法、时间、工具和武器

重量单位、度量法和测量

⏳ **《圣经》时代的谢克尔在现代单位中有多重？**

1 谢克尔（shekel）等于 0.497 盎司（14.1 克）。下面是一些古代和现代测量单位的对等换算。

圣经

　容积

　　　俄梅珥（omer）=4.188 夸脱（现代）或 0.45 配克（现代）或 3.964 升（现代）

　　　9.4 俄梅珥 =1 巴思（bath）

　　　10 俄梅珥 =1 伊法（ephah）

　重量

　　　谢克尔 =0.497 盎司（现代）或 14.1 克（现代）

　长度

　　　腕尺（cubit）=21.8 英寸（现代）或 55.37 厘米（现代）

埃及

　重量

　　　60 克 =1 谢克尔

　　　60 谢克尔 =1 大迈纳（great mina）

60 大迈纳 =1 塔兰特（talent）

希腊

　　长度

　　　　腕尺 =18.3 英寸（现代）或 46.48 厘米（现代）

　　　　斯迪恩（stadion）=607.2 或 622 英尺（现代）=185.07 或 189.59 米（现代）

　　重量

　　　　奥波或奥波勒斯（obol or obolos）=715.38 毫克（现代）或 0.04 盎司（现代）

　　　　德拉克马（drachma）=4.292 3 克（现代）或 6 奥波

　　　　迈纳（mina）=0.946 3 磅（现代）或 96 德拉克马

　　　　塔兰特 =60 迈纳

罗马

　　长度

　　　　腕尺 =17.5 英寸（现代）或 44.5 厘米（现代）

　　　　斯塔德（stadium）=202 码（现代）或 415.5 腕尺

　　重量

　　　　第纳尔（denarius）=0.17 盎司（现代）

　　容积

　　　　安法拉（amphora）=6.84 加仑（现代）或 25.85 升（现代）

⏳ 什么是国际单位制？

　　早在 17 和 18 世纪，法国的科学家们就对很多不合逻辑和不准确的度量法标准提出了质疑，并制定了一套综合、合理、准确和通用的度量体系，称为国际单位制（Système Internationale d'Unites），简称为 SI。SI 体系以公制体系为基础。因为所有的单位都是 10 的倍数，所以计算起来非常简单。除了美国、缅甸、利比里亚以外，今天其他国家都采用这个体系。然而，美国的一些科学家、进出口业和联邦机构等，也同样使用 SI 体系。

　　SI 体系或公制体系有 7 个基本单位：米（长度）、千克（质量）、秒（时间）、安培（电流）、开尔文（热力学温度）、坎德拉（发光强度）、摩尔（物质的量）。此外，弧度（平面角）和立体弧度（立体角）以及大量的衍生单位，构成了现在的体系，而且该体系仍在不断发展。一些衍生的单位有着专门的名称，如赫兹、牛顿、帕斯卡、焦耳、瓦特、库仑、伏特、法拉、欧姆、西门子、韦伯、特斯拉、亨利、流明、勒克斯、贝可勒尔、戈瑞和希沃特等。SI 体系的体积和容积单位是立方分米，但是仍有很多人使用"升"这个单位。通过一系列的前缀来表示非常大或非常小的维度，这些前缀是以 10 的倍数增长或减少的。例如，1 米（decimeter）是 1 米的 1/10，1 厘米（centimeter）是 1 米的 1/100，1 毫米（millimeter）是 1 米的 1/1 000。还有 10 米（a decameter）、100 米（a hectometer）、1 000 米（a kilometer）。采用这些前缀可以有条理地表示整个体系，而不必发明新名称和新的换算关系。

1 米的长度最初是如何确定的？

按照最初的设想，1 米所代表的距离是本初子午线周长的四千万分之一。法国科学家们研究了近 6 年才完成这项工作，于 1798 年 11 月才确定了这一距离。他们决定使用铂铱棒作为 1 米的物理复制品。事实上，测量人员犯了大约两英里（3 千米）的误差，这个错误直到很久以后才被发现。1889 年，科学家们选择了铂铱棒作为国际原型，而没有改变 1 米的长度来适应实际距离。这个方法一直沿用到 1960 年。在世界其他地方，有关 1 米的长度有很多复制版本，其中包括美国国家标准局的复制版本。

1 米的长度现在是如何确定的？

1 米等于 39.37 英寸。现在 1 米的距离被定义为：在真空中，光在 1/299 792 458 秒的时间内所穿过的距离。从 1960—1983 年，1 米的长度被定义为在 1 次放电中，当包含大量 86 号纯氪核素的气体被激发时，所散发出的橙色波长的 1 650 763.73 倍。

码作为测量单位的起源是什么？

在早期，测量长度的习惯方法是利用身体的不同部位（脚、拇指、前臂等）来测量。根据传统，1 码的距离是根据亨利一世（King Henry I）测量而来的，即从亨利一世的鼻子到伸展手臂后的中指指尖的距离。这个标准一直沿用至今。其他测量方法是从物理活动中得来的，例如 1 步的长度、1 里格（league，等于 1 个小时行走的距离）、1 英亩（acre，1 天耕地的面积）、1 弗隆（furlong，1 个犁过的沟渠的长度）等。但是很明显，这些单位都不可靠。厄尔（ell）是从肘部到食指指尖的距离，人们用厄尔这个单位测量布匹。1 厄尔的距离在 0.513 米至 2.322 米之间，它取决于使用的地区，甚至是测量对象的类型。

下表是长度单位，是从古代的计算方法演变而来的美国惯用单位：

美国惯用的长度单位		
1手	=	4英寸
1脚	=	12英寸
1码	=	3英尺
1杆	=	16.5英尺
1英寻	=	6英尺
1弗隆	=	220码或660英尺或40杆
1法定英里	=	1 760码或5 280英尺或8弗隆
1里格	=	5 280码或15 840英尺或3英里
1国际海里	=	6 076.1英尺

换算成公制单位		
1英寸	=	2.54厘米
1英尺	=	0.304米
1码	=	0.914 4米
1英寻	=	1.83米
1杆	=	5.029米
1弗隆	=	201.168米
1里格	=	4.828千米
1英里	=	1.609千米
1国际海里	=	1.852千米

⧗ 为什么海里和法定英里不同？

女王伊丽莎白一世（Queen Elizabeth）规定，英里为 5 280 英尺（1 690 米）。这种依据行走距离的测量方法源于罗马人，他们规定 1 000 步为 1 英里。

海里不是根据人的行走，而是根据地球的周长而确定的。关于海里的准确度量标准存在着很大的分歧。1954 年，美国采用了 1 852 米（6 076 英尺）的国际海里标准。这是地球表面 1 弧分的长度。

1 海里（国际）= 1.150 8 法定英里

1 法定英里 = 0.868 976 海里

如何用美元作为一种测量工具？

美元的纸钞宽2.61英寸（66毫米），长6.14英寸（156毫米）。25美分硬币的直径大约为1英寸（25毫米）。1美分硬币的直径大约是3/4英寸（19毫米）。

如何把美国惯用度量单位换算成公制度量单位，以及如何把公制度量法换算成美国惯用度量单位？

下表是普通度量单位换算的过程。

欲换算形式	换 算 成	乘 数
英亩	平方米	4 046.856
厘米	英寸	0.394
厘米	英尺	0.032 8
立方厘米	立方英寸	0.06
平方厘米	平方英寸	0.155
英尺	米	0.305
平方英尺	平方米	0.093
加仑	升	3.785
克	常衡盎司	0.035
公顷	平方千米	0.01
公顷	平方英里	0.004

欲换算形式	换算成	乘　数
英寸	厘米	2.54
英寸	毫米	25.4
立方英寸	立方厘米	16.387
立方英寸	升	0.016 387
立方英寸	立方米	0.000 016 4
平方英寸	平方厘米	6.451 6
平方英寸	平方米	0.000 645 2
千克	金衡盎司	32.150 75
千克	(常衡)磅	2.205
千克	公吨	0.001
千米	英尺	3 280.8
千米	英里	0.621
平方千米	公顷	100
海里 / 时	英里 / 时	1.151
升	液量盎司	33.815
升	加仑	0.264
升	品脱	2.113
升	夸脱	1.057
米	英尺	3.281
米	码	1.094
立方米	立方码	1.308
立方米	立方英尺	35.315
平方米	平方英尺	10.764
平方米	平方码	1.196
海里(航海)	千米	1.852
平方英里	公顷	258.999
平方英里	平方千米	2.59

欲换算形式	换 算 成	乘 数
法定英里	米	1 609.344
法定英里	千米	1.609 344
常衡盎司	克	28.35
常衡盎司	千克	0.028 349 5
液量盎司	升	0.03
液体品脱	升	0.473
常衡磅	克	453.592
常衡磅	千克	0.454
夸脱	升	0.946
吨(美国短吨)	公吨	0.907
吨(英国长吨)	公吨	1.016
公吨	吨(美国短吨)	1.102
公吨	吨(英国长吨)	0.984
码	米	0.914
平方码	平方米	0.836
立方码	立方米	0.765

世界上哪些国家还没有正式使用公制单位?

美国、缅甸和利比里亚等没有正式使用公制单位。早在 1790 年,当时美国国务卿托马斯·杰斐逊(Thomas Jefferson)建议采用公制单位。但是,由于英国和美国的主要贸易源还没有开始使用这个体系,所以最终没有实行。

干量和液量之间如何换算?

美国惯用的干量单位		
1品脱	=	33.6立方英寸
1夸脱	=	2品脱或67.200 6立方英寸

美国惯用的干量单位		
1配克	=	8夸脱或16品脱或537.605立方英寸
1蒲式耳	=	4配克或2 150.42立方英寸或32夸脱
1桶	=	105夸脱或7 056立方英寸
1干量品脱	=	0.551升
1干量夸脱	=	1.101升
1蒲式耳	=	35.239升

美国惯用的液量单位		
1匙	=	4液量打兰或0.5液量盎司
1杯	=	0.5品脱或8液量盎司
1吉尔	=	4液量盎司
4吉尔	=	1品脱或28.875立方英尺
1品脱	=	2杯或16液量盎司
2品脱	=	1夸脱或57.75立方盎司
1夸脱	=	2品脱或4杯或32液量盎司
4夸脱	=	1加仑或231立方英寸或8品脱或32吉尔或0.833英国夸脱
1加仑	=	16杯或231立方英寸或128液量盎司
1蒲式耳	=	8加仑或32夸脱

换算成公制单位		
1液量盎司	=	29.57毫升或0.029升
1吉尔	=	0.118升
1杯	=	0.236升
1品脱	=	0.473升
1美国夸脱	=	0.833英国夸脱或0.946升
1美国加仑	=	0.833英国加仑或3.785升

⧗ 短吨、长吨和公吨的区别是什么?

1 短吨（也称为美吨，或净吨，有时简称为"吨"）等于 2 000 磅；1 长吨或 1 英担等于 2 240 磅；1 公吨等于 2 204.62 磅。其他重量单位比较如下:

美国惯用单位		
1 盎司	=	16 打兰或 437.5 格令
1 磅	=	16 盎司或 7 000 格令或 256 打兰
1（短）英担	=	100 磅
1 长英担	=	112 磅
1（短）吨	=	20（短）英担或 2 000 磅
1 长吨	=	20 长英担或 2 240 磅

换算成公制单位		
1 格令	=	65 毫克
1 打兰	=	1.77 克
1 盎司	=	28.3 克
1 磅	=	453.5 克
1 公吨	=	2 204.6 磅

⧗ 在面积测量单位上美国单位和公制单位分别是什么?

美国惯用面积单位		
1 平方英尺	=	144 平方英寸
1 平方码	=	9 平方英尺或 1 296 平方英寸
1 平方杆	=	30.25 平方码或 272.5 平方英尺
1 叉	=	40 平方杆
1 英亩	=	160 平方杆或 4 840 平方码或 43 560 平方英尺

美国惯用面积单位		
1街区	=	1平方英里或640英亩
1镇区	=	6平方英里或36平方英里或36街区
1平方英里	=	640英亩或4叉或1街区

国际面积单位		
1平方毫米	=	1 000 000平方微米
1平方厘米	=	100平方毫米
1平方米	=	10 000平方厘米
1公亩	=	100平方米
1公顷	=	100公亩或10 000平方米
1平方千米	=	100公顷或1 000 000平方米

⧗ 水有多重?

美国通用单位		
1加仑	=	4夸脱
1加仑	=	231立方英寸
1加仑	=	8.34磅
1加仑	=	0.134立方英尺
1立方英尺	=	7.48加仑
1立方英寸	=	0.036磅
12立方英寸	=	0.433磅

英 国 单 位		
1升	=	1千克
1立方米	=	1吨(公吨)
1英国标准加仑	=	10.022磅
1英国标准加仑(海水)	=	10.3磅

⌛ 如何将常衡制换算成金衡制以及这两种度量制度之间有何区别？

金衡制是众多度量单位中的一个体系，主要用于测量金和银的质量。1 金衡盎司等于 480 格令或 31.1 克。常衡制是用于测量物体质量的单位体系，但其中不包括贵金属、宝石和药品。常衡制的测量以磅为基础，1 磅大约等于 454 克。无论在金衡还是常衡的体系中，1 格令的重量都是 65 毫克。然而对于其他单位，即使这两个系统都使用了相同的单位名称，但它们的重量在这两种制度中却存在显著差异。

金衡制

1 格令 =65 毫克

1 盎司 =480 格令 =31.1 克

1 磅 =12 盎司 =5 760 格令 =373 克

常衡制

1 格令 =65 毫克

1 盎司 =437.5 格令 =28.3 克

1 磅 =16 盎司 =7 000 格令 =454 克

欲换算形式	换 算 成	乘 数
常衡磅	金衡盎司	14.583
常衡磅	金衡磅	1.215
金衡磅	常衡盎司	1.097
金衡磅	常衡磅	0.069
常衡盎司	金衡盎司	0.911
金衡盎司	常衡盎司	1.097

1磅金子和1磅羽毛哪一个更重？

1 磅羽毛比 1 磅金子重，这是因为金子是用金衡磅测量的，而羽毛是用常衡磅测量的。1 金衡磅有 12 盎司，而 1 常衡磅有 16 盎司。在公制体系中，1 金衡磅等于 372 克，而 1 常衡磅等于 454 克。因此，每 1 金衡盎司都比 1 常衡盎司重。

到地平线的距离是如何测量的？

到地平线的距离取决于观察者视线的高度。把海平面到视线的水平高度（以英尺为单位）的距离乘以 3 再除以 2，然后取结果的平方根，所得结果就是到地平线的距离。例如，假设视线的水平高度高于海平面 6 英尺（1.83 米），那么地平线大概有 3 英里（4 828.02 米）远。如果视线的水平高度和海平面是一致的，那么观察者的面前就是地平线，所以根本看不到地平线的距离。

什么是水准基点？

水准基点是一个永久的、被人们所认可的基准点，该点是众所周知的。这个点可以是一个现存的物体，如消火栓的顶部，或者是放在混凝土柱顶端的一个黄铜盘。观测者和工程师们利用水准基点和水平望远镜，通过读取物体相对于水准基点的距离从而确定物体的高度。

什么是经纬仪？

这种用于测量光线的角度和方向的光学观测工具被安置在一个可调节的三脚架和能够测定出何时与地平面平行的水平仪上。和普通的中星仪类似，但经纬仪的读数更准确，可以读到小数点后几位。经纬仪包括：用于观测主要目标的望远镜、提供有关地平线数据并与地平线平行的金属板和一个读取垂直仪表读数的带刻度的垂直金属板。观测者利用三角几何，计算出经纬仪测量的角度所对应的距离。此种三角测量用于公路和隧道建设以及其他民用工程。这种测量工具的最早形式之一在 1571 年出现在英国人列奥纳得·迪格斯（Leonard Digges）名为《潘特米特亚几何论文集》（*Geometrical Treatise Named Pantometria*）的书中。

时　　间

时间是如何度量的？

时间的消逝可以用 3 种方法测量。第一种是转动时间，即根据平均太阳日（地球完成一次自转所需的平均时间）的单位确认时间。第二种测量方法是动态时间，它通过月亮和行星的运动确定时间，同时避免了地球自转速度变化的问题。第一个动态时间尺度是在 1896 年提出并在 1960 年修正的历书时。

第三种测量方法是原子时间。这种测量方法是基于原子内极其规律的振动，利用原子钟来测量的。1967 年，原子秒被作为基本的时间单位使用（原子秒的长度是一个热铯原子振动 9 192 631 770 次的时间）。现在原子钟被视为国际时间标准。

除此之外，时间的测量方法还包括其他一些不太科学的方法。下面列出的是其他的一些时间的表达方法。

黎明、黄昏（Twilight）——第一缕轻柔的阳光，太阳仍在地平线下，也是最后一缕阳光。

午夜（Midnight）——午夜 12 点；一天即将结束，夜晚即将变成清晨的时间点。

黎明（Daybreak）——太阳的第一次显露。

拂晓（Dawn）——阳光逐渐增多。

正午（Noon）——中午 12 点；上午即将变成下午的时间点。

黄昏（Dusk）——阳光逐渐减少。

日落（Sunset）——最后一缕阳光；太阳在地平线以下。

晚上（Evening）——一个意义广泛的词，通常指日落到睡觉这段时间。

夜晚（Night）——黑暗的时间，从日落持续到午夜。

现代记时的根据是什么？

人类一直将年、月、星期和日，与地球和月球的运转联系在一起。然而，现代钟表计时的基础是数字 60。大约公元前 3 000 年，苏美尔人采用十进制计算体系，同时又采取六十进制计算体系。记时体系继承了这种以 60 秒为 1 分钟，60 分钟为 1 小时的形式。十和六十结合起来构成了时间的概念：10 小时是 600 分钟；10 分钟是 600 秒；1 分钟是 60 秒。1 秒和这些因素没有任何关系，科学家们根据铯-133 来确定 1 秒的持续时间（铯-133 是金属铯的同位素）。据官方说法，1 秒钟的时间是铯-133 原子振动 9 192 631 770 次的时间总量。

一个日历年的确切长度是多少？

日历年是太阳在春分时连续两次穿过天空赤道之间的时间。一个日历年确切地说是365天5小时48分46秒。事实上，一年的时间不是天数的整数形式，这就影响了日历的发展。随着多出时间的日积月累，误差便产生了。现在的日历是以罗马教皇格列高利十三世（Gregory XIII）命名的，称为"格列高利历"，即公历。这种日历采取每隔4年给2月加一天的补偿方法。多加一天的那一年被称为"闰年"。

世纪是如何开始的？

一个世纪有100个连续的日历年。第一个世纪包括1～100年。20世纪是从1901年到2000年。21世纪从2001年1月1日开始。

1月1日何时成为新年的第一天？

朱利乌斯·恺撒（Julius Caesar）在公元前45年重组了罗马日历，并采用了阳历而非阴历的纪年方法，将1月1日定为一年的开始。1582年引进格列高利历时，大多数地方把1月1日作为新年的第一天。然而，在英国和美国殖民地，代表春分的3月25日被认为是一年的开始。在这个体系下，1700年的第一天是3月24日，1701年的第一天是3月25日。1752年，英国政府把一年的第一天改为1月1日。

除格列高利历之外，还有哪些日历被人类使用过？

巴比伦历——按阴历计算的日历，1年约等于354天，由29天的月份和30天的月份交替构成。当日历和天文事件不一致时就会另加1个月。此外，每隔8年就要加3个月，以便调和历法与太阳年。

中国农历——是一种阴阳历，根据月亮的圆缺变化来划分月份，大月30天，小月29天，并通过设置闰月来与太阳年同步。农历中还包含了二十四节气，用于指导农业生产。此外，农历采用干支纪年，为年份、月份、日期等提供了一套独特的标识系统。

伊斯兰历——按阴历计算的日历，共有12个月，由29天的月份和30天的月份交替构成，共354天。伊斯兰历和太阳年（季节）无关。日历开始的时间是公元622年。

犹太历（希伯来历）——是阳历和阴历混合计算的日历，该日历通过增加1个月（亚达月，或第二亚达月或犹太历闰月）的方式来保持阴历和阳历的同步。这种情况在 19 年循环中发生 7 次。当插入多加的 29 天那个月时，亚达月就用 30 天代替 29 天。通常 1 年 12 个月是按照先 30 天的月份，然后 29 天的月份这样交互组成的。

埃及历——古代埃及人第一个使用阳历（大约公元前 4236 年或公元前 4242 年），但是他们的年起始于天狼星（天空中最亮的星）的升起。1 年 365 天比真正的阳历年短 1/4 天，所以埃及历和季节是不相符的。埃及历有 12 个月，每月 30 天，每星期 5 天，有 5 个节日。

科普特历——仍然用于埃及和埃塞俄比亚地区，它和埃及历有着相似的周期：共有 12 个月，每月 30 天，另有 5 天作为补充。闰年时，经常是在儒略历的闰年之前，补充的天数由 5 天增加到 6 天。

罗马历——借鉴了古希腊日历，以奥林匹克运动会为基础，4 年循环一次。最早的罗马历（大约公元前 738 年）有 10 个月，共 304 天。每隔 1 年加入 1 个 22 天或 23 天的短月，从而使阴历和阳历保持一致。后来，在年末加了两个月（1 月和 2 月），把 1 年增加到了 354 天。在塔奎尼乌斯·普利斯库斯（Tarquinius Priscus）当政时期，罗马共和历取代了罗马历。这个按阴历计算的新日历有 355 天，2 月是 28 天，其他月份是 29 或 31 天。每隔两年加 1 个月，以便保证日历和季节的同步性。到儒略历取代罗马共和历时，历法比季节快了 3 个月。

儒略历——朱利乌斯·恺撒希望所有帝国都使用同一个日历。天文学家索西琴尼（Sosigenes）发明了统一的阳历，1 年 365 天，每隔 4 年（闰年）增加一个"闰日"，以弥补真正的阳历年 365.25 天。1 年有 12 个月。除了 2 月是 28 天（或闰年是 29 天）外，其他月份是 30 或 31 天。一年的第一天也从 3 月 1 日改成 1 月 1 日。

格列高利历——1582 年，教皇格列高利十三世改革日历，以便使春分（春季的第一天）和复活节（教堂庆祝活动）同步。为了使阳历和季节保持一致，新的历法规定，在不能被 400 整除的整百年份中不设置闰年。因为阳历年在缩短，现在需要进行 1 秒的调整（经常在 12 月 31 日午夜）。

日本历——在年、月和星期上，日本历和格列高利历的结构相同。但用统治者的名字作为年的纪元。最后一个纪元（明仁天皇）是始于 1989 年 1 月 8 日的平成纪元。

印度历——主要根据历史事件来计算时间，例如统治者的即位和死亡的年份。毗克罗摩纪元（始于北印度，在西印度一直沿用至今）可以追溯到格列高利历的公元前 57 年 2 月 23 日。萨卡纪元始于格列高利历的公元 78 年 3 月 3 日，阳历年有 12 个月平年有 365 天，闰年有 366 天。前 5 个月每月为 31 天，后 7 个月每月为 30 天。在闰年，前 6 个月是 31 天，后 6 个月是 30 天。萨卡纪元于 1957 年开始成为印度的国家历法。

另外三种值得注意的世俗历法是儒略日历（不同于儒略历，天文学家们曾使用过这种日历）、永久历和世界历。世界历和永久历相似，1 年有 12 个月，每月有 30 天或 31 天，每年年底有一天是年日，闰日在每隔 4 年的 7 月 1 日前。

人们曾试图改革并简化日历。例如，将 1 年改为 13 个月，每月 4 个星期。索尔月在 7 月之前，新年在每年的最后一天，闰日在每隔 4 年的 7 月 1 日前。法国曾经出现过激进的改革。法国大革命后，法国共和历（1793—1806）取代了格列高利历。法国共和历规定：每年有 12 个月，每有 30 天，在年末有 5 个补充日（闰年有 6 个补充日），用 10 天一旬代替星期。

什么是世界历？

在第二次世界大战后，美国在联合国发起了一场鼓励国际社会采用共同历法的运动，这种共同的历法被称作世界历。它可以自己调整不规则的月份，把 1 年平分成 4 份，固定星期和月份的顺序，所以月份中的日期总可以和固定的星期几对应。在世界历中，1 年 364 天，分成 4 个 91 天，每一份是 31、30 和 30 天。每年有 52 个星期，每个星期都是以星期天开始，星期六结束。每年都要加上 1 天，这一天也叫"世界日"。"世界日"的正式称谓是"世界 12 月"（W December）。每隔 4 年的闰年到来时，需要在日历的 6 月 30 日之后插入 1 天，这一天被称作"世界 6 月"（W June）。虽然有人预言，世界历能够在 1961 年被采用，但事实是，它一直未能在联合国通过。

什么是儒略日计数？

这种用来计算天数而非年数的儒略日计数系统是约瑟夫·尤斯图斯·斯卡利杰尔（Joseph Justus Scaliger）在 1583 年发明的。今天天文学家们仍然使用的儒略日计数是根据斯卡利杰尔的父亲朱利叶斯·恺撒·斯卡利杰尔（Julius Caesar Scaliger）的名字命名的，儒略日（JD）是公元前 4713 年 1 月 1 日。在这一天，儒略历、古罗马税收历和阴历是重合的，这种情况只有在 7 980 年后才能再次出现。1991 年 12 月 31 日中午是儒略日 2 448 622 的开始。这个数字反映了自其开始以来经过的天数。天文学家们发明了简单的儒略日换算表，把格列高利历日期换算成儒略日。

什么时候出现闰年？

闰年指可以被 4 整除的年份，世纪年（整百年份）除外。能被 400 整除的世纪年才是闰年。1900 年不是闰年，所以在这一年没有 2 月 29 日。2000 年是世纪闰年，下一个世纪闰年是 2400 年。

什么是闰秒？

地球的旋转速度减慢，为补偿这种滞后的运动，需要在指定的一天加上一秒，即闰秒。1992 年为了使日历和国际原子时间保持一致而加了闰秒。为了完成这个改变，1992 年 6 月 30 日 23 时 59 分 59 秒之后依次为 1992 年 6 月 30 日 23 时 59 分 60 秒和 1992 年 7 月 1 日 0 时 0 分 0 秒。

有记载的最长的年和最短的年分别是什么？

最长的年是公元前 46 年，朱利乌斯·恺撒引入了儒略历。该日历一直沿用到 1582 年。恺撒在一年中多加了两个月，并在 2 月多加了 23 天，以弥补在埃及历中累计减少的天数。这样，公元前 46 年共有 455 天。1582 年是最短的年，那一年教皇格列高利十三世引入格列高利历。他颁布法令，把 10 月 5 日改为 10 月 15 日，从而减少了 10 天，以补上儒略历中累计产生的误差。但不是每个人都立即接受这个新的日历。信奉天主教的欧洲国家在法令颁布后的两年内采用了这个日历。很多新教大陆国家在 1699—1700 年间采用了此日历。1752 年，英国迫使其殖民地采用了此日历。1753 年，瑞典采用了此日历。很多非欧洲国家在 19 世纪采用了此日历。中国是在 1912 年采用了它，土耳其是在 1917 年采用了它，俄罗斯是在 1918 年采用了它。格列高利历代替了儒略历，在 1582 年 10 月 5 日—1700 年 2 月 28 日之间加 10 天；1700 年 2 月 28 日—1800 年 2 月 28 日加 11 天；1800 年 2 月 28 日—1900 年 2 月 28 日加 12 天；1900 年 2 月 28 日—2100 年 2 月 28 日加 13 天。

⧗ 星期的名字从何而来?

英语中的星期是根据盎格鲁-撒克逊和罗马的神话来命名的。

天	命 名 根 据
星期日	太阳 (The sun)
星期一	月亮 (The moon)
星期二	蒂乌〔Tiu, 盎格鲁-撒克逊神话中的战神, 相当于北欧神话中的战神蒂尔 (Tyr) 或罗马神话中的战神玛尔斯 (Mars) 〕
星期三	沃登〔Woden, 盎格鲁-撒克逊神话中的神, 相当于北欧神话中的主神奥丁 (Odin) 〕
星期四	索尔 (Thor, 北欧神话中的雷神)
星期五	弗丽嘉〔Frigg, 北欧神话中主宰婚姻和爱情的女神, 相当于罗马女神维纳斯 (Venas) 〕
星期六	撒顿 (Saturn, 罗马的农业之神)

⧗ 星期的起源是什么?

星期起源于巴比伦历。在巴比伦历中, 7 天中有 1 天是休息日。

⧗ 月份是如何命名的?

现代日历 (格列高利历) 的英语名称源于罗马。罗马人经常用神与特殊事件的名称来为月份命名, 并以此来表示对神的尊敬, 或对特殊事件的纪念。

1 月 (拉丁语为 *Januarius*) 以罗马的双面神雅努斯 (Janus) 命名, 他的一张脸看过去, 一张脸看未来。

2 月 (拉丁语为 *Februarium*) 来自拉丁语 *Februare*, 意为"净化"。在 2 月时, 罗马人用宗教仪式清除他们的罪恶。

3 月 (拉丁语为 *Martius*) 用于纪念战神玛尔斯。

4 月 (拉丁语为 *Aprilis*) 源于拉丁语 *Aperio*, 意为"展开", 因为在这个月植物开始成长。

5 月 (拉丁语为 *Maius*) 源于罗马女神玛雅 (Maia), 也来自拉丁语 *Maiores*, 意为"长者", 这个月用来颂扬长者。

6 月（拉丁语为 *Junius*）源于朱诺女神（Juno）和拉丁语 *iuniores*，意为"年轻人"。

7 月（拉丁语为 *Julius*）源于拉丁语 *Quintilis*，意为"五"，因为这是早期罗马日历的 5 月，后为了纪念朱利乌斯·恺撒改为 7 月。

8 月（拉丁语为 *Augustus*）以罗马帝国的第一代皇帝奥古斯特斯·恺撒（Augustus Caesar）的名字命名。起初这个月被称为 *Sextilis*（早期罗马历的第六个月）。

9 月（拉丁语为 *September*）源于 *septem*，意为"七"，原指第 7 个月。

10 月（拉丁语为 *October*）源于 *octo*，意为"八"，原指第 8 个月。

11 月（拉丁语为 *November*）源于 *novem*，意为"九"，原指罗马早期日历的第 9 个月。

12 月（拉丁语为 *December*）源于 *decem*，意为"十"，原指罗马早期日历的第 10 个月。

为什么季节的长度不同？

季节的长度不同，是因为地球围绕太阳运转的轨道是椭圆的，而不是圆形的。1 月，地球最靠近太阳，引力使得行星运动速度加快。夏天，地球离太阳距离变远，行星运动速度减慢。所以北半球的秋季和冬季比春季和夏季的时间稍稍短些。北半球季节的持续时间如下：

春季	92.76 天
夏季	93.65 天
秋季	89.84 天
冬季	88.99 天

每个季节开始的日期是什么？

北半球的 4 个季节和天文时间是一致的。春季从春分（大约是 3 月 21 日）开始到夏至（6 月 21 日或 22 日）结束；夏季从夏至开始到秋分（大约 9 月 21 日）；秋季从秋分开始，到冬至（12 月 21 日或 22 日）；冬季从冬至到春分。南半球的季节和北半球正相反，秋季相当于春季，冬季相当于夏季。季节的产生是因为地球中心轴的倾斜改变了太阳在天空中的位置。冬季太阳在天空中的位置（倾斜的角度）最低；夏季则最高。

复活节的日期是如何制定的?

基督教确立复活节的方法是，复活节总是出现在春分月圆后的第一个星期日。在北半球，春分是春季的第一天，因为第一轮满月可能出现在春分后的任何一天，所以复活节最早是 3 月 22 日，最晚是 4 月 25 日。

逾越节的日期是如何确定的?

逾越节始于犹太历尼散月（Nisan）的第十四天日落时开始，尼散月即犹太教历 1 月，在公历三四月间。逾越节是以色列人的公共节日，纪念以色列人在公元前 1290 年走出埃及。"逾越"（passover）一词指的是，当以色列人摆脱埃及的奴役时，他们遭受的 10 种苦难也从此远离以色列家庭。

为什么人们有时会看到时间表示为 "B.P.6500"，而不是 "B.C.6500"?

考古学家通常使用 before the present 的缩写形式 B.P. 或 BP 来代表某一个年份或日期。这个日期只是 1950 年以前某个时间的粗略估计，并不是以放射性碳定年法为基础来计算的。

"地方正午时间"是如何计算的?

"地方正午时间"通常也叫"太阳中天时间"。在此段时间中，太阳位于一天中的最高点。这个时间与时钟上所显示的正午时间不同。要计算地方正午时间，首先必须知道日出和日落时间（通常在一些重要报纸上都会有日出和日落时间的刊载），然后计算出总的日照时间，用这个总日照时间除以 2，将得数加在日出时间上，最后所得时间即是地方正午时间。例如：如果日出时间是早上 7:30，日落时间是晚上 8:40，那总日照时间为 13 小时 10 分钟，除以 2 则是 6 小时 40 分钟。把这个时间加到早上 7:30 上，即得出地方正午时间为下午 1:40。

美国是从什么时候开始执行夏令时的?

从 1967 年开始，美国各州及其所有领地开始执行夏令时间。此后每年 4 月的第一个星期日凌晨 2 点开始，即为夏令时间。时钟将被调快一个小时，直到 10 月的最后一个星期日凌晨 2 点,时钟才被往回调一个小时。在以后的期间里,夏令时间的长度发生了变化。但是从 1986 年 7 月 8 日开始,最初定下的夏令时起止时间被恢复使用。1972 年的一个历法修正案则允许一部分州不使用夏令时间。

夏令时法案的颁布执行使光明时间延长。短语"秋天调回,春天拨快"就是意指这个季节中的夏令时。其他一些国家也相继采用了夏令时。例如,在西欧,夏令时一般是从 3 月的最后一个星期日到 9 月的最后一个星期日。英国则将夏令时终止时间延至 10 月的最后一个星期日。南半球的一些国家则是把 10 月到第二年 3 月定为夏令时间,而赤道附近国家则执行标准时间。

⧗ 美国的哪些州与领地不采用夏令时?

亚利桑那州、夏威夷州、波多黎各地区、美属维尔京群岛、美属萨摩亚群岛及大部分印第安纳州不采用夏令时。

时钟上的指针为什么顺时针旋转?

计时方面的专家亨利·弗里德(Henry Fried)做出了这样的假设:钟表指针的顺时针旋转源于钟表发明前的日晷的使用。在北半球,太阳的阴影就是以顺时针方向移动的,钟表的发明者就是模仿了太阳这一自然运动现象,从而设计出了钟表指针的旋转方向。

⧗ 世界上一共有多少个时区?

1884 年华盛顿子午线会议商定,地球共划分 24 个标准时区,每个时区大约覆盖经度 15° 的区域,60 分钟为一个国际标准时间(即一个小时),每一天包含 24 个小时。

⧗ 中国与俄罗斯在时区上有什么差异?

横跨 11 个时区的俄罗斯常常认为自己"走在时间的前面",因为俄罗斯国内的标准时间比国际标准时间早一个小时。俄罗斯的夏令时是从 3 月的第 4 个星期日直到 9 月的第 4 个星期日。而中国尽管只跨越 5 个时区,却同样"走在了时间前面",中国的标准时间比格林尼治时间早 8 个小时。

从东京到西雅图并跨过国际日期变更线旅行时，应该是哪一天？

从西向东（从东京到西雅图）旅行时，日历日期应该往后算（即周日变为周六）。从东向西旅行时，日历时间应该向前算（即周二变为周三）。在 180 度经线附近时，国际日期变更线近似于 Z 形曲线（为了避免某些岛屿和地区被分成两个日期），分隔了地球上的"今天"和"昨天"。

何谓世界时？

1972 年 1 月 1 日，世界时（UT）代替格林尼治标准时间（GMT），成为科学工作的时间参考坐标。世界时由原子钟测量得出，同时也被视为 1968 年采用原子秒之后的合理发展。

世界时的优点是事件发生的时间可以被快速测定，而不用依赖那些费时的天文观察和计算，这些天文观察和计算在原子钟问世前是必不可少的。世界时也就是国际原子时。格林尼治标准时间则是依据太阳穿过本初子午线（即 0 度经线，该经线穿过格林尼治天文台）的时间来测量的。

谁在美国创立了标准时间？

美国国家标准和技术研究所（NIST）使用铯束钟作为 NIST 的原子频率标准来测定原子时间。进入 NIST 的官方网站，选择"检查时间"（check time），使大众检测准确时间成为可能。这种铯束钟可以在一秒内进行精确的加减运算。在 1967 年第十三届国际计量大会上，原子秒这一概念被正式定义为铯-133 原子振动 9 192 631 770 次的时间。现在 NIST 的铯束钟已被当作基准钟使用，并且相对于其他时间参照物来说是独立的，它可以提供非常精确的时间。

美国时间标准信号是什么？

世界时通过无线电台 WWV（位于科罗拉多州柯林斯堡）和 WWVH（位于夏威夷毛伊岛普韦内），以国际摩尔斯电码形式，每隔 5 分钟发布一次。这些电台都受到 NIST（NIST 的前身为美国国家标准局）的指导。

⌛ a.m. 与 p.m. 的含义是什么?

a.m. 是拉丁语 ante meridian 的缩写, 意为 "正午以前的时间"。p.m. 为拉丁语 post meridian 的缩写, 意为 "正午以后的时间"。

⌛ 在带有罗马数字的钟表表盘上为什么用 "IIII" 而不是用 "IV" 来代表数字 4?

如果在钟表表盘上使用 "IV" 会产生一种失衡感, 所以从一开始就使用 "IIII", 这样看起来可以与同样复杂的 VIII 平衡。

⌛ 日晷是如何工作的?

日晷是最早用于测量时间的仪器之一, 它通过模仿太阳的运动轨迹来进行时间测量。将一个指时针安装在时间标盘上, 通过观察标盘上指时针的阴影来读出时间。日晷仪利用太阳的高度角 (太阳光线与地面的夹角) 测量时间, 这个时间通常需要随季节的变化而进行一些修改和说明。

⌛ 什么是花钟?

在中世纪, 人们通常认为可以通过观察鲜花而得知一天中的时间, 因为大家相信鲜花都是在一段特定的时间内开放和凋谢的。不同的鲜花被种植在花坛上。一朵含苞的玫瑰代表一天中的第一个小时, 风信子代表第四个小时, 三色紫罗兰代表第十二个小时。这种不可靠的计时方法很快就变成了一种摆设, 但是时至今日在各种花园中仍然可以看到这种花钟。

⌛ 海上的时间是如何表示的?

海上一天的时间被分为值班时间和击钟时间。一个值班时间为 4 个小时, 但下午 4 点到 8 点这段时间有两个短值班时间。在每一个值班时间会击钟 8 次, 每一次代表半个小时, 8 次击钟结束也就代表着一个值班时间结束了, 下午 4—8 时, 以击钟 4 次结束。新年这天一般会击钟 16 次。

击 钟 次 数	对应时间(上午或下午)		
1次	12:30	4:30	8:30
2次	1:00	5:00	9:00
3次	1:30	5:30	9:30
4次	2:00	6:00	10:00
5次	2:30	6:30	10:30
6次	3:00	7:00	11:00
7次	3:30	7:30	11:30
8次	4:00	8:00	12:00

⌛ "老爷钟"（有摆的落地大座钟）这个词源自何处？

这种落地大座钟是由荷兰科学家克里斯蒂安·惠更斯（Christian Huygens）在1656年左右发明的。这种钟也常被叫作长摆钟，美国宾夕法尼亚州的德裔居民将这种钟视为身份地位的标志。1876年，美国作曲家亨利·克莱·沃克（Henry Clay Work）在他的歌曲《我的老爷钟》（My Grandfather's Clock）中提到的就是这种大钟。从那时起，"老爷钟"这一说法沿用至今。

⌛ 石英表与机械表有何区别？

石英表与机械表都使用相同的齿轮机制来带动时针和分针的齿轮。机械表的动力来自一个螺旋弹簧，也就是人们常说的钟表发条，并且靠一套叫杠杆擒纵机构的系统来进行动力的调节。当钟表正常运转时，发条处于放松状态。石英表则由一块微小的硅芯片上的电池供电的电子集成电路驱动，并由以固定频率振动并产生电脉冲的石英晶体调节。

⌛ 谁发明了闹钟？

美国新罕布什尔州康科德市的列维·哈钦斯（Levi Hutchins）于1787年发明了闹钟，但他发明的这个闹钟只能在早上4点钟时闹铃。这个发明只是为了确保自己不睡过头。他从来没有为此申请专利，也没有批量生产。1847年，第一个现代闹钟由安托万·勒迪耶（Antoine Redier）设计制造出来，那是一个机械装置。直到1890年，电子闹钟才被发明出来。世界上最早的机械钟之一是由中国的一行和梁令瓒在公元725年制作的。

⧗ 什么是军用时间？

军用时间将一天分为24小时，从午夜零时（0000）至第二日零时（2400），为一个周期，表达时不用标点符号。

午夜12点表示为0000（或次日的2400）

凌晨1：00表示为0100（读作"洞一百"）

凌晨2：10表示为0210

正午表示为1200

下午6：00表示为1800

下午9：45表示为2145

将24时制的时间换成我们所熟悉的时间时，上午的时间很容易被识别，至于下午时间则是在大于1200的时间数上减去1200。例如：1900-1200就是下午7点。

⧗ 谁为核毁灭设定了末日时钟？

末日时钟于1947年最先出现在《原子科学家公报》（*Bulletin of the Atomic Scientists*）杂志的封面上，当时的时间设定为午夜11：53。该杂志的董事会人员设计创作了这个末日时钟，用以喻指核毁灭的威胁，并以午夜零点来代表毁灭的时间。其后，这个末日时钟被重置了很多次。1953年，当美国氢弹试爆成功后，时钟的时间被设定在晚上11：58，这是最接近午夜的时间。1991年，随着苏联的解体，时钟被调回到晚上11：43，这是迄今离午夜最远的时间。然而在1995年，时钟又被调到了晚上11：47，这反映了后冷战时代世界格局的不稳定性。由于全球核裁军收效甚微，再加上恐怖分子也都开始接受并使用核武器与生物武器，致使末日时钟的时间于2002年又被调到了晚上11：53，离午夜零点只差7分钟。2016年，由于伊朗核协议和巴黎气候协定的签署，时钟停在午夜11：57。2024年，与2023年一样，末日时钟距离午夜还剩90秒，这是历史上最接近午夜的时刻。

工具、机器与生产工序

最早的农业生产工具有哪些？

据考证，大约公元前 8000 年时，巴勒斯坦地区的纳图夫人（Natufians）就已经开始使用一些简单的挖掘和收割工具了。在人类农业史的早期时候，挖掘棒或锄头一类的工具只是用来犁地。他们也会使用一种类似于镰刀的农具收割野生或种植的谷物。

后来，大约在公元前 6500 年左右，一种名叫"ard"的原始犁在近东地区开始被使用。这种重要的农业工具是由一种简单的带手柄的挖掘棒演化而来的，人类最初使用这种原始的挖掘棒在土地上反复犁耙。这种原始的犁头又演变成了埃及犁，把一个像鹿角或树枝的分叉的犁头固定在一个直杆上，这样就可以耕地了。

尼安德特人使用的是什么工具？

现在我们常用"莫斯特"（Mousterian）来表示尼安德特人使用的各种工具，"莫斯特"一词来自法国莫斯特洞穴（LeMoustier）的考古发现（该地区的历史可追溯至公元前 4 万年的第四纪冰河时期）。在远古时候，尼安德特人通过使用打火石或黑耀石这些像玻璃一样锋利的石头，改善了勒瓦娄哇技术（levallois technique），他们运用这一技艺可以从准备好的石核上敲下一到两个预定形状的大石片。每一块石核都可以被打成纤巧锋利的刀片，这些刀片通过修整可以变成剥兽皮的刮刀、针、带背的长刀、削刀、小型锯以及钻孔器。尼安德特人用这些工具屠宰、切割猎物，剥兽皮以及制作木制工具和衣服。

6 种简单机械指的是什么？

所有的机器和机械装置，无论它们多复杂，都是由 6 种最简单的基本机械组合而成的。这 6 种基本机械是杠杆、轮轴、滑轮、斜面、楔子和螺丝。古希腊人对于这些工具已非常熟悉，他们知道一台机器之所以能够运行，是因为在"力臂"上施加的"力"通过"机械优势"被放大，以克服"阻力臂"上的"阻力"。还有些人认为只有 5 种基础工具，他们把楔子看成移动的斜面。

四冲程发动机与两冲程发动机有何不同？

四冲程发动机要经过 4 个循环：第一步，进气冲程，在向下冲程中吸入空气与燃油的混合气；第二步，压缩冲程，混合气体在向上冲程中被压缩；第三步，点火做功；第四步，排出废气。而两冲程发动机则通过开关气门与气阀将进气和压缩冲程结合成一个冲程，将做功冲程与排气冲程结合成一个冲程。两冲程发动机主要用于一些小排量应用，如链锯、某些摩托车等。

"活动扳手"的名字是怎么来的？

这种扳手的夹钳与手柄成直角。"活动扳手"（monkey wrench）这个名字起源于它的发明者查尔斯·芒克（Charles Moncky），因为他的姓氏 Moncky 与 Monkey 发音相近，所以就被叫成了"monkey wrench"。

表示汽车排放量的"cc"指的是什么？

"cc"代表的是立方厘米，该术语主要应用于测量内燃机气缸的燃烧空间。在理论上，通过推动气缸的顶部，将活塞推至底部，然后将气缸注满液体，这样就可以测算出发动机的排放量。当活塞返回最高点时，就会喷发出一定 cc 的液体，喷发多少 cc 则表示气缸的燃烧容量是多少。假设一台摩托车有 4 个气缸，每个气缸可喷 200 cc，那它的发动机排量就是 800 cc。汽车排量的计算也是如此。

什么是轻便发动机？

轻便发动机是一种小型的辅助发动机，通常为手提式或半手提式的。通过蒸汽、压缩空气或一些其他方法提供动力。它通常被用于为船上的绞车或货物升降机提供动力升降船上的货物。

什么是动力输出装置？

标准的动力输出装置是一个连接系统，该系统通过转动一个接入齿轮箱后壁的转轴实现动力输出。通常动力输出装置都为汽车的一些附加设备提供动力，例如，汽车的电缆线控制部分、绞盘、液压泵等。农民用机械装置抽水、磨粮食或锯木头。割草机、干草打包机、联合收割机、土豆挖掘机等机械的活动部分都是由动力输出装置控制的。

⌛ 谁发明了指南针?

谁第一个发明了指南针已无从考证。早在公元前 1 世纪，中国人就发现把一些天然磁石（含铁矿物）放置在平面上时，它们总是指向北方。中国最早的指南针是一种天然磁石制成的勺状物，被称为"司南"，它的柄会指向南方。到了宋朝，人们把磁石装在盒里，只用一根指针来指示北方。然而，磁石的缺点是容易失去磁性。中国人用许多种材料反复做实验，终于发现在铁中加上碳制成的合成钢，就可以使指针拥有持久的强磁荷。

⌛ 谁发明了复式显微镜?

复式显微镜的原理是两个或更多的透镜组合在一起以形成物体的放大图像，几乎在同一时间，有多个人都发现了这个原理。16 世纪末，很多光学仪器的制造商热衷于制造望远镜，特别是在荷兰，所以其中一些制造商就自然而然地想到了制造显微镜。大约在 1590—1609 年间，3 个荷兰镜片制造商对显微镜的发展功不可没。他们是汉斯·简森（Hans Janssen）、他的儿子扎卡赖亚斯（Zacharias）以及汉斯·利珀斯海（Hans Lippershey）。无论何时，他们都是值得我们尊敬的。英国人罗勃特·胡克（Robert Hooke）第一个制造出了复式显微镜。1665 年，他出版了《显微术》（*Micrographia*）一书，书中收录了很多通过显微镜观察到的美丽图片。

⌛ 谁发明了电子显微镜?

在理论和实践上，光波波长限制了光学显微镜的使用。随着示波器的研制成功，人们发现可以利用阴极射线来观察更细微的东西，因为阴极射线的波长要比普通光波的波长短很多。1928 年，厄恩斯特·罗斯卡（Ernst Ruska）和马克思·克诺尔（Max Knoll）利用磁场性能在阴极射线中将电子聚焦，由此制作出一个能放大物体 17 倍的较简陋的显微镜。1932 年，他们又研制出了能将物体放大 400 倍的电子显微镜。1937 年，詹姆斯·希利尔（James Hillier）将显微镜的放大倍数提到了 7 000 倍。1939 年，弗拉基米尔·兹沃里金（Vladimir Zworykin）将显微镜放大倍数增至 200 万倍。电子显微镜的出现也给生物研究带来了一场革命: 生物科学家们首次看到了细胞、蛋白质及病毒的分子结构。

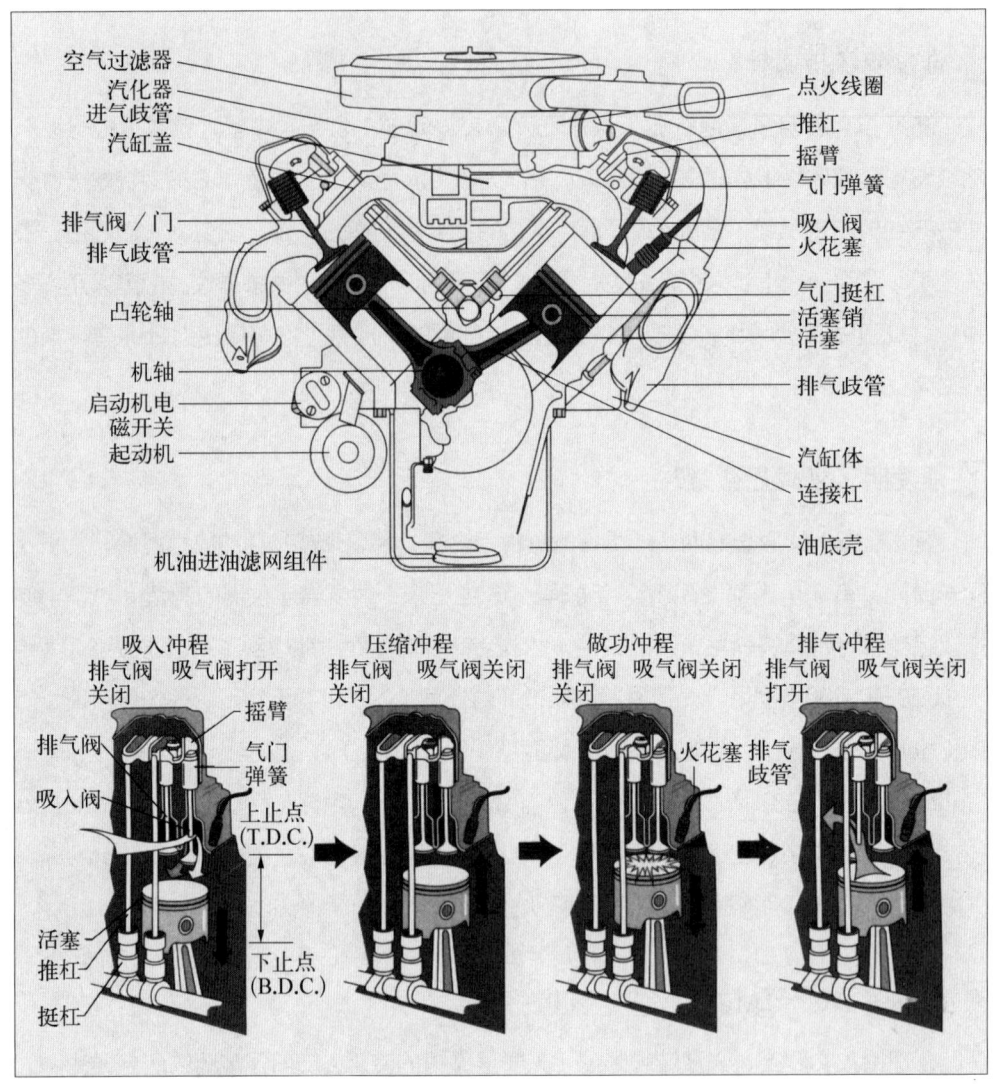

空气过滤器
汽化器
进气歧管
汽缸盖

排气阀／门
排气歧管

凸轮轴

机轴
启动机电
磁开关
起动机

点火线圈
推杆
摇臂
气门弹簧
吸入阀
火花塞

气门挺杆
活塞销
活塞

排气歧管

汽缸体
连接杠

机油进油滤网组件
油底壳

吸入冲程
排气阀　吸气阀打开
关闭

摇臂
排气阀
吸入阀
气门
弹簧
上止点
(T.D.C.)

活塞
推杆
挺杆
下止点
(B.D.C.)

压缩冲程
排气阀　吸气阀关闭
关闭

做功冲程
排气阀　吸气阀关闭
关闭
火花塞　排气
歧管

排气冲程
排气阀　吸气阀关闭
打开

内燃机主要零部件图解说明（上）和四冲程说明（下）。

⌛ 什么是全息照相术？

匈牙利籍科学家丹尼斯·加博尔（Dennis Gabor）在 1947 年发明了全息照相术（三维成像技术），但直到 1961 年，爱米特·利斯（Emmet Leith）和尤里斯·乌帕特尼克斯（Juris Upatnieks）才使用激光制作出第一张现代全息图像，使全息图获得了所需的强劲的纯光线。人之所以能看到立体的物体，正是因为照在物体上的光波是向四面反射的，反射光线互相重合又互相干扰。这种叫作波前的光波集的交互作用使得物体有了光影和深度。照相机无法捕捉这种波前中的全部信息，而只能拍出二维图像。但全息摄影通过物体反射回的远光可以捕捉到物体的深度影像，从而获得三维图像。

一幅简单的全息图像是通过一个镀银的镜子将激光分成两束来制作的。其中一束光称为物体光束，它使进行全息拍摄的物体更亮，并使这些光波反射到摄影感光板上。另一束称为基础光束或参考光束，这束光是直接反射至感光板的。集中到感光板上的两束光形成一幅干涉图样。当感光板显影后，一束激光将以原先的参考光束为基准，以相同的角度从反方向投射到这个显影图像上。这种模式散射光线，从而在空中投影出物体的三维虚幻影像。

哪些产业中需要使用机器人？

机器人是指在计算机的控制下可以完成各种工作的机械装置。通过传感器反馈回的信息或系统程序的改编，可以调整机器人的工作指令以适应不同的任务和工作环境。

在一些制造工厂，机器人被用来焊接、喷漆、钻孔、喷砂、切割以及搬运。在美国有大量的机器人在制造汽车的工厂中被使用。机器人可以在一些对人体有害的或极端的物理环境下工作。机器人可以清洁辐射区、灭火、拆除炸弹、装卸爆炸物和有毒化学物。机器人还可以处理感光材料，例如摄影胶片，因为胶片需要在黑暗中处理，这对人来说是一项艰巨的任务。机器人还可以从事各种水下和矿山勘探工作。在军事安全领域，机器人被用来感应目标物体或作为监视装置。在印刷工业中，机器人可以从事各种工作，例如，分类和捆绑输出材料、给印刷机送纸、装订书皮等。在科研实验室，小型的桌面机器人可以准备样品和调配混合物。

第一部专门描写机器人的电影是什么？

1886年，在一部名为《未来夏娃》（*L'Eve Future*）的法国电影里，一个像托马斯·爱迪生（Thomas Edison）一样疯狂的科学家制造了一个女性形象的机器人，一位英国爵士爱上了这个女人。这个故事与皮格马利翁的主题类似。与这种以娱乐为目的的机器人相比，真正的机器人却不那么美观，甚至很丑陋，它们看起来更像机器而不是人或动物。然而，在1773年，一对法国的父子发明家——皮尔斯（Pierce）和亨利·路易斯·雅克尔德鲁兹（Henry Louis Jacquel-Droz）发明的一个"书写器"却是个特例，这个机器人非常像人类，它可以将羽毛笔放入墨水瓶中，最多能写出40个字的文章。

控制论的创立者是谁？

诺伯特·维纳（Norbert Wiener）被视为控制论的创立者。"控制论"（cybernetics）一词源于希腊词"kubernetes"，意为"舵手"。控制论所关注的是在生命有机体、自动机械及组织中控制和交流所需的基本因素。通过轮船舵手的例子就可以说明这些因素的原理，在船上，舵手通过一系列连续的判断来控制轮船。今天控制论的原理被应用在控制理论、自动化理论及计算机程序设计中，用以减少计算过程中的时间损耗，简化先前只能由人完成的决策程序。

手提钻是什么时候被发明的？

1861年，在挖掘连接意大利与法国的蒙特塞尼斯隧道时，法国的工程师泽曼·萨摩利耶（Zeman Sommelier）提出了制造气动挖掘机或手提钻的想法。当时的工程师们预测这个隧道至少需要30年才能完成。萨摩利耶利用蒸汽钻孔机和压缩空气发明出了更实用的气动挖掘机，也就是后来的手提钻。最终，该隧道于1871年完成，比原计划提前了20年。

压路机是什么时候被发明的？

1859年，法国人路易斯·勒穆瓦纳（Louis Lemoine）发明了蒸汽驱动的压路机。他的发明使公路建设有了革命性的改变，并使路基的质量有了显著提高。在使用压路机以前，先是靠人工夯实路基，后来是利用牛马拉动的压路机来加固路基。

消火栓喷嘴的不同颜色有什么意义？

消火栓喷嘴的颜色标识对于消防部门有着重要的意义。因为不同的颜色代表着消火栓喷嘴的不同流量。

等　级	流量(加仑/分钟)	消火栓帽或喷嘴颜色
AA	1 500或更大	淡蓝色
A	1 000～1 499	绿色
B	500～999	橙色
C	低于500	红色

谁倡导了螺纹的标准化?

在不断追求螺母、螺钉和螺栓的标准化过程中,有两个英国人贡献最大。在一家机器制造工厂工作的 H. 曼德斯雷(H. Mandslay)在1800—1810年间就曾努力推出一套标准螺纹。不同尺寸的螺帽、螺钉的数量在当时相对较少。曼德斯雷的做法也影响了他的徒弟 J. 维斯沃斯(J. Withworth)。维斯沃斯在其师傅之后继续推广标准螺纹,"维斯沃斯螺纹"最终在1841年成为英国通用的标准螺纹。

酒精测定仪是如何测出呼吸中的酒精含量的?

警察使用的通常都是电子酒精测定仪,利用通过管子吹入的含酒精气体作为燃料产生电流。呼出的气体中的酒精含量越高,电流就越强。如果绿灯亮起,说明司机呼出的气体中的酒精含量低于警戒线,即通过测试。如果黄灯亮起,则说明酒精含量接近警戒线。如果红灯亮起,则说明司机酒后驾车。这个仪器还装有一个铂阳极,这个铂阳极可以将酒精氧化成醋酸,醋酸的分子会损失一些电子。这一过程就形成了电流的循环。早期的酒精测定计是通过颜色的变化来测定酒精含量的。当吹气管中的混合物与已氧化成醋酸的酒精起化学反应时,我们发现原先橘黄色的硫黄酸与重铬酸钾的晶体混合物已经转变成了蓝绿色的硫酸铬盐和无色的硫酸钾盐。变颜色的晶体越多,说明被测者体内的酒精含量越高。

什么是失蜡法?

这一铸造方法用来制作阀门部件、小齿轮、磁铁、外科手术工具和珠宝首饰。在两层的模具中间放入蜡模，成型后蜡模即被熔化掉，所以得名"失蜡法"。

什么是烧结?

烧结指的是在低于熔点的温度下，将压实的粉末颗粒连接在一起。这种连接方法可以制造出大型的块状物和球状物。烧结常常应用在粉末冶金技术中，这是一种可以不经过熔融状态就从金属粉末中获取有用的人造物的技术。由此生产出的部件常被称为烧结零件。这些烧结零件通常体积都很小，最典型的烧结零件就是减震活塞、皮带轮、小型斜齿轮、链锯的传动齿轮和汽车泵齿轮等。由于这些零件都是模铸的，所以烧结零件可以被制成各种形状而不需要再加工。烧结零件的韧性与高强度使它们对今天的高科技系统大有益处。

什么是利希滕贝格图形?

当涂有细尘的摄影感光板或金属板片被置于电极之间，并对其施加高压时，利希滕贝格图形（Lichtenberg figures）就会出现在摄像感光板上或是金属板片上。这个图形由乔治·克里斯托弗·利希滕贝格（George Christopher Litchenberg）在1777年首先提出，标志着静电的发现。

武　　器

什么是石弩?

石弩是一种最简单的早期弹弓式武器。有一种石弩是在其中穿入一束人类毛发和动物筋，并插入一根木棒，利用连接绞盘铰紧毛发或动物筋而不让其放松。装炮弹时，士兵人工旋下绞盘，将木棒拉至水平，并上满扣。这时可以把石头放在木棒的一端，当士兵拉断绳索时，木棒弹起，石头立即被射出。

一种将带刺圆球系在链子上的古代武器叫什么?

连枷是一种古代武器，带有粗壮结实的手柄，并系上包铁的木棒或附着铁钉的木棒。这种"流星锤"连枷或狼牙棒的主要特征就是在链上系着一个或多个带刺的铁球。由于链子的灵活性，这种武器让人很难抵挡。

什么是汽油弹？它是如何被使用的？

1943年，哈佛大学的化学家路易斯·法伊泽（Louis Feiser）在与美国军队的合作过程中发明了汽油弹。这种汽油弹的成分包括汽油（33%）、苯（21%）和聚苯乙烯（46%）。汽油弹在第二次世界大战中被首次使用。这种汽油弹在高温下比纯汽油燃烧得慢，可以附着在所接触的任何物体上。当这种汽油弹被丢进掩体或坑洞时，就会迅速消耗掉氧气，导致里面的人窒息而死，而不是被烧死。在朝鲜战争和越南战争中，汽油弹也被使用过。在"沙漠风暴"行动中，这种像罐头一样的炸弹就曾被丢进伊拉克的防御工事和坦克掩体内。

化学战是20世纪才有的现象吗？

化学战的历史可以追溯至古代和中世纪时期，特别是在围城战中更常见。古时候，在攻打城堡或是有坚固城墙的城市时，往往需要几个月甚至几年的时间，为了打破这种僵局，参战者便会寻求攻城的新办法。于是攻守双方往往会使用燃烧物、有毒或油腻的烟雾等达到攻守目的。据记录，毒气战最早用于公元前431—404年间的雅典和斯巴达之间的战争。当时，他们利用煅烧后产生的毒烟置人于死地。据说，当时斯巴达的军队曾经使用过毒性金属砷蒸气云。

什么是芥子气？接触后会发生什么情况？

芥子气由各种化学品制成，其中包括硫芥子气。芥子气实际上是一种透明的液体，但与其他化学品混合时呈棕色，且闻起来有大蒜味。第一次世界大战和第二次世界大战期间，芥子气作为一种化学战剂被大量地使用。它能使皮肤灼伤、长水疱并损伤呼吸道，大量的芥子气可致人死亡。

炭疽病毒也可以当作武器使用吗？

在一个50万人口的城市里，只需撒上两克干炭疽孢子，就可能会造成20万人死亡或重病。然而，关于大规模炭疽侵袭的潜在危害，很多评论都是带有误导性的，甚至引起了不必要的恐慌。因为炭疽病毒袭击者必须克服各种技术上的难题。

首先，炭疽使用者必须有足够的能力接近细菌的有毒菌株，因为取自土壤和动物身体的菌孢不能像粉尘一样四散。其次，炭疽使用者还必须得把菌孢碾碎，碎到可以在空气中被人体吸入，如果不能碾到极细，菌孢就不能在空气中飘散。最后，炭疽的使用者还得在已碾碎的颗粒中加入抗静电的元素，因为在碾制过程中，菌孢会成为带静电的电荷，这样就会形成大的孢块，此时炭疽即使落在城市中也没有害处了。

⌛ 还有哪些与炭疽类似的病毒可以用在生物战中？

下面介绍的是一些可以做生物武器的病毒：

蓖麻毒素是众所周知的自然界中一种厉害的毒素。它来自蓖麻子，这种植物还可以用来提炼蓖麻油。

肉毒杆菌与炭疽病毒一样，都是从土壤中发现的。在一些制作粗糙的罐头肉类食品中常会滋生这种细菌，人食用后就会中毒。这种细菌产生的剧毒的肉毒杆菌毒素，可以引起视力模糊、口干、吞咽和发音困难、虚弱乏力以及一些其他症状，最终导致瘫痪、呼吸衰竭直至死亡。

黄曲霉毒素和真菌毒素在农作物中很常见。在坚果的生长中经常出现的真菌就是黄曲霉素 B_1，在玉米和其他一些农作物上也可以培养出这种毒素。这种毒素可以破坏动物的免疫系统，人若长期接触可致癌。

产气荚膜梭菌往往是造成食物中毒的原因之一。它与炭疽病菌类似，都是从土壤中提取的菌孢。虽然食物中的菌孢对人的危害相对较低，但是如果外伤的伤口遇到这种细菌，则容易引起气性坏疽，感染气性坏疽的部位会疼痛肿胀，随后可能引起休克、黄疸病甚至死亡。

关于骆驼痘病毒的现存资料很少，这是伊拉克研制出来的。现在被归类为高危动物病原体一类。

美国内战期间有哪些与战争有关的发明创造？

美国内战期间（1861—1865），相关的战争发明有：带刺铁丝网、堑壕战、手榴弹、地雷、装甲列车、装甲轮船、侦察飞机、潜艇、机枪、喷火器等。

谁发明了博伊刀？

博伊刀是一种长刃大猎刀，以吉姆·博伊（Jim Bowie）的名字命名，是美国西部一种常见的武器。吉姆·博伊最终在阿拉莫战役中丧生。据可靠资料，吉姆·博伊的兄弟莱金·博伊（Rezin Bowie）才是这种武器的真正发明者。这种刀的刀片大约有 2 英寸（约合 5 厘米）宽，长度为 9~15 英寸（约 23~38 厘米）。

水雷阵是谁发明的？

1777 年，大卫·布什内尔（David Bushnell）提出设想：在水面上放置浮桶，里面装上爆炸物，从而将接触到浮桶的船只引爆。

柯尔特左轮手枪是什么时候申请专利的？

美国西部著名的六发左轮手枪是以其发明者塞缪尔·柯尔特（Samuel Colt）的名字命名的。尽管左轮手枪并非柯尔特发明的，但柯尔特完善了左轮手枪的设计，并且于 1835 年在英国首次申请了专利，第二年在美国也申请了专利。柯尔特曾想大批量生产这种手枪，可惜他没有足够的财力去购买必需的机械设备。手工制作的手枪非常昂贵，所以只能吸引有限的订购者。直到 1847 年，得克萨斯的游骑兵订购了 1 000 支手枪，柯尔特才在康涅狄格州首府哈特福德建立了机械化工厂。

为什么在制作子弹时要用制弹塔？

要想让射出的子弹精准、高速地击中目标，子弹必须是完美的圆形。早期的方法是使用铸铅模制作子弹，但这往往会使子弹出现裂纹或是出现畸形弹。1872 年，一名叫威廉姆·沃茨（William Watts）的英国水管工人设计出了一个简单的方法解决了这个问题。沃茨的方法是这样的：先将熔铅过滤，然后将滤过的铅液从高空倒入水池中。空气将铅液冷却，池水缓冲它们下降的速度，可以防止铅弹变形。这种方法迅速推广开来。在欧美，制弹塔的高度也从 150 英尺（46 米）提到了 215 英尺（65 米）。后来考虑到环境原因，用钢弹代替了铅弹。

⌛ 谁发明了机枪？

世界上第一台研制成功的机枪是由美国人理查德·J. 加特林（Richard J. Gatling）发明的，并于 1862 年美国内战期间申请专利。通过手动曲柄和齿轮的控制，机枪的 6 个枪筒可以来回旋转，这样每分钟可以发射 1 200 发子弹。尽管先前在制作连发武器上也有过成功的尝试，但是许多技术上的困难仍无法克服，直到加特林机枪才解决了这一系列困难。在这个由齿轮驱动的机械上，扳机和发射是由凸轮作用操纵的。1866 年 8 月 24 日，美国军方正式采用了这种机枪。

第一支自动机枪最初是由海勒姆·马克西姆（Hiram S. Maxim）设计的。1884 年，聪明的马克西姆设计出了一种便携式单筒机枪，这种机枪利用子弹发射时的后坐力弹出空弹壳，然后再重新装弹药。

最初的"冲锋枪"是汤普森 M1928 冲锋枪。这种口径 45 毫米的机枪是 1918 年第一次世界大战时约翰·T. 汤普森（John Taliaferro Thompson）将军设计出来的，这种机枪常被用于近身战。还没等这种机枪大量生产，战争就结束了。直到美国执行禁酒令

▌早期的加特林机关枪图——最先制作成功的机枪。

期间，一些黑社会分子才开始大量使用这种机枪，汤普森军火公司的运行状况才有所改善。那些手持机枪狂射的犯罪分子形象成了美国大萧条时期的代表形象。这种机枪后来又被改进了几次，在第二次世界大战中得到了广泛使用。

"巴祖卡"的名字是怎么来的？

"巴祖卡"（bazooka）一词是美国喜剧演员鲍勃·博恩斯（Bob Burn）创造出来的。作为舞台剧里的一个道具，博恩斯使用的是一种特别的长圆管乐器，这种乐器有点类似于双簧管。第二次世界大战期间，美国士兵首次使用空管式的火箭发射台时，就把它命名为"巴祖卡"，因为这种发射器与博恩斯用的乐器很像。

谁被称作"火炮之王"？

阿尔弗雷德·克虏伯（Alfred Krupp）于1856年开始生产制造枪支，他的父亲早在1811年就建立了铸钢厂。克虏伯向世界上很多国家提供大型武器，他因而获得了"火炮之王"之称。在1870—1871年的普法战争中，普鲁士之所以获胜，主要是因为克虏伯提供的野战炮发挥了作用。1933年，希特勒上台执政后，这个家族的大炮生意不断扩大，阿尔弗莱德的一个曾孙也叫阿尔弗莱德·克虏伯，他大力支持当权的纳粹政权并且为家族积聚了令人震惊的财富。这个公司侵占被占领国家的财富，并在他们的工厂里使用奴隶工人。战后，阿尔弗雷德为此被监禁了12年，并被没收了全部财产。1951年获得赦免后，他收回了公司，并担任以前的职务，一直干到20世纪60年代初。然而，1967年阿尔弗雷德死后，他的公司转制成了股份公司，阿尔弗雷德家族的时代结束了。

军事上的"水晶球"指什么？

"水晶球"是飞行员对雷达显示器的一种俚语称呼。

"大贝莎"是如何得名的？

"大贝莎"（Big Bertha）是对1914年第一次世界大战开始时，德国和奥地利使用过的16.5英寸（约0.4米）的榴弹炮的通俗叫法。后来这个名称也成了第一次世界大战和第二次世界大战期间其他大型炮的统称。这种大炮是德国军火商弗里德里希·A.克虏伯（Friedrich A. Krupp）建造的，并且是以他唯一的儿子贝莎·克虏伯（Bertha Krupp）

的名字命名的。

在 1914 年的比利时保卫战中，这种巨炮炸毁了混凝土和钢铁堡垒。大炮的炮弹有 205 磅重（合 930 千克），几乎和一个成年人一样高。由于这种大炮运输困难，所以不适于运动战。第二次世界大战期间，轰炸机代替了这种笨重的大炮实施远距离轰炸。

⏳ 什么是曼哈顿计划？

曼哈顿工程区是美国第二次世界大战期间研究核武器计划的正式代号，后来该名字就演变成了著名的"曼哈顿计划"，这个名字取自詹姆斯·C. 马歇尔上校（James C. Marshall）的办公室所在地。马歇尔是由美国军事工程部选派的负责制造并管理核设施的负责人。1942 年 6 月，美国陆军部开始启动该计划，此后就由格罗夫斯上校（Colonel Leslie R. Groves）负责。

1942 年 12 月 2 日，该计划的科学家们在芝加哥大学的实验室中完成的第一步是，启动了第一个自持核链式反应。1945 年 7 月 16 日，在新墨西哥州阿拉莫戈多进行了第一颗原子弹爆炸试验。该基地被称为"特里尼蒂"（Trinity），爆炸产生的能量相当于 1.5 万~2 万吨 TNT（三硝基甲苯）炸药产生的能量。后来该计划研制出的两颗原子弹分别被投放到日本的广岛和长崎（1945 年 8 月 6 日投放于广岛，1945 年 8 月 9 日投放于长崎），致使日本在第二次世界大战中战败投降。

⏳ "小男孩"与"胖子"指什么？

"小男孩"（little Boy）是美国投在日本广岛的原子弹的代号。"小男孩"是由以罗伯特·奥本海默（Robert Oppenheimer）为首的科学家们在新墨西哥州的洛斯阿拉莫斯实验室里研制出来的。"小男孩"大约 10 英尺（3 米）高，重 8 000 磅（3 629 千克），爆炸当量至少为 1.2 万吨 TNT。它的能量源于铀 235。"胖子"（fat man）是美国投向日本长崎的原子弹的代号。"胖子"也是由以罗伯特·奥本海默为首的科学家们在洛斯阿拉莫斯实验室里研制出来的。与"小男孩"一样，"胖子"也是 10 英尺高，但重 9 000 磅（4 082 千克），爆炸当量为 2 万吨 TNT 炸药。"胖子"的能量源于钚。今天最差的核武器都比"小男孩"或"胖子"更有威力。

智能炸弹是如何爆炸的?

智能炸弹指的是那种可以通过激光束、雷达、无线电或电子光学系统控制,能准确命中目标的炸弹。尽管飞行员可以准确地在投掷目标的大体位置处投下炸弹,但为了更准确地接近目标,可以通过调节尾翼对炸弹的滑翔路径进行微调。智能炸弹的优点是可以远距离发射炸弹,这样可以使轰炸机避免遭到敌方地面火力的攻击。

"潘兴"导弹的射程有多远?

"潘兴"导弹是一种地对地核导弹,长约34.5英尺(10.5米),重1万磅(4 536千克),射程约1 120英里(1 800千米)。它由美国军方于1972年研制成功。其他地对地导弹包括:射程为2 860英里(4 600千米)的"北极星导弹";射程为1 120英里(1 800千米)的"民兵"导弹;射程为2 300英里(3 700千米)的"战斧"导弹。射程为4 600英里(7 400千米)的"三叉戟"导弹;射程为6 200英里(1万千米)的"和平卫士"导弹。

巡航导弹是如何工作的?

巡航导弹具有极高的精确性,可长距离发射和以亚音速低空飞行。巡航导弹由全球定位系统(GPS)、地形轮廓匹配(TERCOM)或数字景象匹配区域相关(DSMAC)制导系统控制。由于巡航导弹体积小且能超低空飞行,因此很难被雷达系统监测到。

"核冬天"指的是什么?

"核冬天"一词是美国物理学家理查德·P.特科(Richard P. Turco)于1983年在《科学》(*Science*)杂志上发表的一篇文章中提出的。在这篇文章中,他描绘了想象中的核战后的场景,那时世界上的气候已经完全改变:长时间的黑暗、低于冰点的温度、狂烈的风暴以及永远存在的辐射微尘。这一切都源于一场惨烈的核战。核爆炸产生巨量烟尘、毒气并进入大气层。仅几天时间内,整个北半球被一层像毯子一样厚厚的烟尘所笼罩。由于烟尘的阻挡,只有不到千分之一的阳光能到达地球。没有了阳光,地球表面的温度长时间在冰点以下,由此造成所有的动植物相继死亡。

作为对这个末日预言的回应,批评家又提了一个新名词:"核秋天",这一说法淡化了气候变化影响和伤亡情况。1990 年 1 月，经过 5 年的实验室研究与实地实验，《气候与烟尘：核冬天的评估》（*Climate and Smoke: An Appraisal of Nuclear Winter*）一书出版了，进一步证实了特科的观点。

⧗ 什么是放射性散布装置？

这种炸弹的另一个名称更为有名——"脏弹"。设计这种炸弹就是为了尽可能大范围地释放大量放射物。与通过分裂或融合原子来释放大量能量（如热量和辐射）的核弹不同，这种炸弹是一种含放射性物质的传统炸弹。其组成部分包括医学和研究中所使用的材料，以及一些低档的、未浓缩的铀。"脏弹"并不属于大规模杀伤性武器，它只能引起大范围的混乱，特别是在一些重要的城区，辐射污染造成的经济和心理上的影响更严重。

第 3 章
楼房、桥梁及其他建筑结构

楼房和建筑构件

🏢 烟囱和烟道有何区别?

烟囱是一种包含一个或者更多烟道的砖石结构。而烟道是烟囱内部排出烟气的通道。烟道由黏土或钢铁制成,用来容纳燃烧废料。通过引流温热、上升的气体,烟道形成可以使火焰上方的空气向上流动的通风管。每个热源都需要独立的烟道,但一个烟囱可以有多个烟道。

🏢 世界上最高的烟囱有多高?

哈萨克斯坦的埃基巴斯图兹发电站的二号烟囱高 1 378 英尺（420 米）。

🏢 门框指门的哪部分?

门框不属于门的一部分,而是门开关时周围的框架。它包括两个直立的边木,即侧楣和一个水平的顶楣。

🏢 什么是檐口线?

檐口线是由木头、金属或者水泥制成的冠状装饰板条,用于墙体与天花板相交处。如果板条是凹面的,则称为凹形条。在其内角处需要进行连接处理,以确保其连接牢固。

🏛 什么是 R 值?

R 值，或叫热阻，是一种专门的隔热测量值。它代表着热量通过某种隔热材料流动的难度。R 值越高，材料的隔热能力越强。将墙各个部分的 R 值叠加，即是总 R 值。

墙　结　构	R 值
内部空气层	0.7
1/2英寸(1.27厘米)石膏墙板	0.5
R-13隔热层	13.0
1/2英寸(1.27厘米)木纤维保护层	1.3
木墙板	0.8
外部空气层	0.2
总R值	16.5
建　筑　结　构	R 值
标准楼顶	19
标准4英寸(10.16厘米)厚的隔离墙	11
典型单层玻璃窗	1
双层玻璃窗	2
"超级窗"(双层玻璃窗的一个窗格内表面涂有红外线反射材料,如氧化锡,并在双层玻璃窗的窗格之间填充氩气)	4

🏛 菲利普斯螺栓有何用途?

与传统螺栓相比，菲利普斯螺栓的凹陷头部和十字形槽口能自行定心，并且更加牢固。直槽螺栓可能会让螺丝刀滑出槽口，从而对木头造成损坏。

早在 16 世纪，螺栓便被用于木匠业。然而，直到 19 世纪早期，带有锥形尖端的槽形螺栓才被制成。与钉子相比，螺栓的极大好处是能够支撑纵力。需要足够外力才能钉入的方头大号螺栓可用扳手来拧紧。相对于钉子，螺栓固定得更结实，而取下时也不会损毁墙壁。这种螺栓包括木质螺栓、绝热螺栓（比木制螺栓更长更重）、膨胀螺栓（常用于石造建筑）及钢制螺栓。螺栓尺寸从 0.25 英寸到 6 英寸不等（即 6 毫米~15 厘米）。

什么是 BOCA 标准?

国际建筑官员与规范管理人员联合会（BOCA）是负责落实相关建筑标准的服务机构，它旨在保护公众健康、安全和福利。这些标准分为几个门类，如国家建筑规范、国家管道规范、国家防火规范等。这些标准被州或当地政府采用，并可根据实际需要进行修订。

什么是 STC 评级，以及它的意义是什么?

STC（隔音等级）用来说明墙体或地面的隔音能力。数字越大，隔音越好。下面是典型的 STC 评级:

STC 数值	说　　　明
25	可清楚地听到正常音量的声音
30	可听到大的声响
35	可听到大的声响, 但听不清内容
42	可以听到大的声响, 听起来像呢喃
45	隐约听到大的声响
48	几乎听不到大的声响
49	听不到大的声响

隔音的效果在很大程度上取决于门下、电插座及取暖管道的空隙。

为什么把"便士"作为形容钉子尺寸的术语?

"便士"（penny）一词起源于英国，是关于钉子长度的测量用语。将之作为钉子长度用语的原因之一是价格。100 枚一定尺寸的钉子的费用是 10 便士或 10D（"D"是英国便士的叫法）。另一原因与 1 000 枚钉子的重量有关，D 曾经被作为一磅重量的缩写。

人们使用钉子已经有 5 000 年左右的历史了，古伊拉克人使用钉子来紧固钢铁。在 1 500 年以前，钉子是通过将小块金属穿过金属板上一系列大小不同的孔来手工制作的。1741 年，英国雇用了 6 万人制作钉子。

第一台制钉机是由美国人伊齐基尔·里德（Ezekiel Reed）发明的。1851年，纽约的阿道夫·布朗（Adolphe F. Brown）发明了电缆制钉机。从那时起，人们可以低成本、大批量地生产钉子。

什么是夯土？

夯土是一种古老的建筑技术，是把湿土压实成类似沉积岩的粗糙形态。夯土可能被塑造成砖或者整面墙。罗马人和腓尼基人把这种技术介绍给欧洲人，使它在法国成为一种流行的建筑技术。在美国，无论是优雅的维多利亚建筑，还是造价低廉的房屋，都使用这种技术。

今天，建筑者将水泥与土混合在一起，制成更结实且防水的墙体。在传统的夯土结构中，使用手工或压缩机驱动的夯实机，将湿润的土壤和水泥混合物在双面木制模具之间压实到原来体积的60%。而新兴技术利用高压管将混合物喷洒在单面模具上。有时也使用钢筋加固条。

什么是圆顶帐篷？

圆顶帐篷源于蒙古包，在美国，它被改造成一种低成本结构，用于住宅建筑中。在一个六角形框架上，用木头建成地基。用绷紧的缆绳置于木制的格子细工边墙的墙体之间，以免墙体倒塌。墙体均是隔热且绝缘的，并覆盖着木板、帆布或是铝制墙板。木瓦屋顶、电路、管线和小型热炉也可被安置其中。内部可根据需要安装板台、房间隔板和内墙板。圆顶帐篷美观实用，而且造价相对低廉。

第一座摩天大厦是什么时候建造的？

第一座摩天大厦是由威廉·勒布朗·詹尼（William LeBaron Jenney）设计的10层家庭保险公司大楼。该楼位于伊利诺伊州的芝加哥，于1885年竣工。摩天大厦是一种非常高的楼，它由一个内部框架（骨架）支撑，这个内部框架由铁和钢制成，而不是由承重墙支撑，使得有限的土地得到了最大利用。3项改良的技术使得大楼合理矗立：更好地理解了材料如何在应力和载荷下更好地发挥作用（来自工程及桥梁设计）；使用钢铁框架来完成结构，并使外层材料贴挂于框架上；借鉴了伊莱沙·奥蒂斯（Elisha Otis）发明并于1861年1月15日获得专利的"安全"客梯技术。

比萨斜塔的倾斜度是多少？

比萨斜塔高 184.5 英尺（56 米），大约偏离垂直面 17 英尺（5 米），每年大约多倾斜 0.2 英寸（1.25 毫米）。这种罗马风格的塔起源于 1173 年，是那诺·皮萨诺（Bonanno Pisano）为附近的洗礼堂建造的钟楼，直到 1372 年才竣工。全部由白色大理石建成，并带有 8 层拱廊的比萨斜塔在建造过程中就存在倾斜。虽然建造者已经把地基打深到地下 10 英尺（3 米），但仍未到达岩石层。为了抵消倾斜，能工巧匠们将后建的楼层扶正，并把南面的承重柱建造得比北面的高一点。最后一次矫正是在 2001 年，从地基的北面（倾斜的对面）挖去了一些土。此举旨在使其稳固 300 年左右。

🏢 第一个购物中心是什么时候建造的？

1896 年，在美国马里兰州巴尔的摩的罗兰德公园建造了世界上第一个购物中心。

🏢 帝国大厦的外层使用的是什么材料？

帝国大厦外层使用的是印第安纳的石灰岩、花岗岩和不锈钢竖杆。

🏢 华盛顿五角大楼的地面面积是多少？

五角大楼，即美国国防总部，是实际占地面积较大的写字楼。整个建筑的建造仅用了 17 个月，于 1943 年 1 月 15 日竣工。它的占地面积超过 650 万平方英尺（604 000 平方米）。这个 5 层高、五角星形大楼的占地面积是帝国大厦的 3 倍，芝加哥希尔斯大厦的 1.5 倍。1973 年竣工、2001 年被毁的世贸中心楼群位于纽约，占地更大，超过 900 万平方英尺（836 000 平方米），它包括两个塔式的建筑。五角大楼五边形边长均是 921 英尺（281 米），周长 4 610 英尺（1 405 米）。国防部总部，陆军、海军和空军总部都设立在五角大楼。国家军事指挥中心也设立于此，由于各军事长官常在此集会商讨作战事宜，所以该会议室又被称为"战屋"。

🏢 使用什么标准来测定最高建筑物？

世界权威机构认为，建筑物的高度测量应从主入口的人行道水平面到建筑物的顶端。

高度测量包括塔尖，但不包括电视天线、广播天线或旗杆。其他的高度测量包括到楼的最高层的高度、到屋顶顶部的高度，以及到尖顶、尖顶天线、桅杆或旗杆顶端的高度。

谁发明了网格球顶？

测地线是物体表面上两点间的最短距离。如果是弯曲面，那么测地线通常也是弯曲的。球面的测地线是一个大圆的一部分。巴克敏斯特·富勒（Buckminster Fuller）意识到球面可以被测地线网格分成三角形，并且错落有致。

其成功的网格球顶的基础是，许多又轻又直的线性结构通过拉力形成球形，并被排成三角形的框架，以减轻拉力和重量。这些相连的四面体，由重量轻并且张力强的合金制成。

早期的网格球顶结构在 1951 年建于英国。位于俄亥俄州克利夫兰的 ASM（美国金属协会）圆顶建于 1959—1960 年，是个开放式网格球顶。1965 年建造的休斯敦天文观测圆顶也是一个壮观的网格球顶式建筑。

第一个可伸缩屋顶体育场是何时开放的？

第一个可伸缩屋顶体育场——多伦多的"天空穹顶"（Skydome），在 1989 年对外开放。不同于以往的可拆卸顶部的体育场，"天空穹顶"拥有一个完全可伸缩的顶盖。顶盖包括 4 块嵌板，重 1.1 万吨，通过钢制轨道和多轮起落架来升降。一块嵌板保持不动，其他两块嵌板以每分钟 71 英尺（21 米）的速度前后移动。第四块嵌板旋转180°以完全打开或关闭顶盖。顶盖的开关需要 20 分钟。在"天空穹顶"之后，其他可伸缩屋顶体育场，如亚利桑那州菲尼克斯城的一号河岸球场（1998）、华盛顿州西雅图的塞弗科体育场（1999）、得克萨斯州休斯敦的安然棒球场（2000）、得克萨斯州休斯敦的瑞兰特体育场（2002）和新泽西州东卢瑟福的大都会人寿体育场（2010）先后开放。

哪个建筑拥有最大的非空气支撑的无柱大跨度顶盖？

位于佛罗里达州圣彼得堡的"太阳海岸圆顶"建筑，于 1990 年竣工，顶盖拥有 688英尺（210 米）的净跨度。37.2 万平方英尺（34 570 平方米）的织布覆盖圆顶是个钢索顶结构——新型的穹顶桁架结构。它的结构与传统圆顶完全不同：底部的圆是受压状态而非受拉状态，顶部的圆是受拉状态而非受压状态。同时，被圈住的空间也不是完全无拘束的，而是包括上下贯穿的结构部件。顶面使用的是柔韧的织物薄膜，以确保其具有质轻的特色。这些物质必须是柔韧的，因为钢索架构可使主要的结构扭曲变形。实际上它们会在不同重量条件下改变形状。美国密歇根州庞蒂亚克的八角形庞蒂亚克银圆顶体育场曾经是最大的空气支撑式建筑物之一，可容纳 80 600 人。体育场宽 522 英尺（159 米），长 722 英尺（220 米），由一个 10 英亩（4.05 公顷）的半透明玻璃纤维顶盖支撑。

▌巴克敏斯特·富勒站在网格球顶建筑前——这是他独一无二的设计。

铁匠工人举行的落成典礼是什么？

当把最后一根梁装在一座新桥、摩天大楼或其他建筑物上时，铁匠工人会吊起一棵常青树，装上一面旗帜或一块手帕，并且把最后一根梁涂上鲜艳的颜色，然后照相留念。

这种吊起常青树的风俗可追溯到公元 700 年的斯堪的纳维亚。把树装在建筑物的栋梁上，意味着竣工庆祝开始了。

希尔斯何时通过邮购方式出售房屋？

在1908—1940年间，希尔斯（Sears）制造并出售了大约450个装配齐全的房屋，从豪宅到平房一应俱全。这些房屋由木头制成，电路完备，通过邮政订货，铁路运输。10多万间房屋以595~5 000美元的价格售卖出去。

希尔斯的成功很大程度上基于其吸引人的财政计划。到1911年，公司已经开始提供购买材料的贷款。到1918年，公司有时会预付一部分劳务成本。

虽然大部分房子售给了个人，但希尔斯也向公司卖房子，供这些公司在其工厂附近建设公司城镇。伊利诺伊州的标准石油公司、宾夕法尼亚州赫勒敦的伯利恒钢厂就是他们的老主顾。

公路、桥梁和隧道

谁被称为"土木工程之父"？

托马斯·特尔福（Thomas Telford），土木工程研究院第一任院长，是英国"土木工程行业之父"。他确立了土木工程的行业特质和传统——这个传统直到今天仍被工程师所遵循。他建造过桥梁、公路、海港和河渠。他最伟大的成就包括梅奈海峡吊桥和庞特基西斯特水道桥、瑞士的哥达运河、金狮运河和很多苏格兰公路。他是第一位铁桥大师。

美国第一条海岸连海岸的公路是何时建成的？

林肯公路作为第一条连接大西洋海岸（纽约）和太平洋海岸（加利福尼亚）的洲际高速公路，历经10年的筹备和兴建，于1923年竣工。它有时被称为"美国主干道"，由卡尔·菲舍（Carl G. Fisher）向一些汽车制造商提议修建，他们建立了林肯公路协会并推广了这一想法。菲舍认为，"林肯"这个名字既恰当又具有爱国气息。

林肯公路原长3 389英里（5 453千米），后来因改换位置和修缮而缩短至3 143英里（5 057千米）。1925年，林肯公路经过纽约州、新泽西州、宾夕法尼亚州、俄亥俄州、印第安纳州、伊利诺伊州、内布拉斯加州、科罗拉多州、怀俄明州、犹他州、内华达州和加利福尼亚州，共12个州，林肯公路成为美国的30号线路。

美国公路是如何编号的？

南北方向的主要州际公路常被编号为一位或两位的奇数数字。从西海岸的州际 5 号公路开始，向东方向的公路编号依次增加，到东海岸的州际 95 号公路为止。

东西方向的州际公路编号为偶数。从佛罗里达州的州际 4 号公路开始，向北方向编号依次增加，到州际 96 号公路为止。海岸相连的东西州际公路，比如 10 号线、40 号线和 80 号线，都是以 0 结尾。编号为三位数的州际公路是环城快道或支线高速。

美国公路的编号方法与州际公路的编号方法一样，但是号码是从西到东，从北向南递增。例如，美国 1 号公路沿着东海岸；美国 2 号公路沿着加拿大边界。美国的公路编号可能有一到三位数字。

哪个城市最先使用交通灯？

1868 年 12 月 10 日，在英国伦敦议会广场附近的布里奇街和新宫院路的交汇处出现了第一个交通灯，它被安装在一根高 22 英尺（607 米）的铸铁柱子上。铁路信号工程师奈特（J. P. Knight）发明了这种通过气体照亮可发出红绿信号的可旋转的交通灯。它是通过灯杆底部杠杆来手动旋转的。

1914 年 8 月 5 日，在俄亥俄州克利夫兰的欧几里得大街和 105 号街，安装了一个电子交通信号灯。它具有红绿信号，并且装有可随着颜色改变而发出警报的蜂鸣器。

1913 年左右，在密歇根州的底特律出现了一个手动操作的信号臂系统。最后，这种信号臂被安装上彩色灯，用于指挥晚间交通。1918 年，纽约安装了第一个三色信号灯，这些灯仍然是手动操作的。

什么是泽西护栏？

泽西护栏是由新泽西交通部设立的混凝土公路护栏。原本只有 12~18 英寸（30~46 厘米）高。主要是为了防止车在某些十字路口左转。后来，护栏由钢筋混凝土制成，作为临时交通防护，以阻止摩托车司机越道行驶，避免与正常行驶的车辆发生碰撞。这些护栏高 32 英尺（81 厘米）。现在的护栏高 54 英寸（137 厘米），可以阻挡迎面行车头灯的刺眼光芒。

🏢 轿车、公共汽车和卡车如何通过英吉利海峡海底隧道？

2 500 英尺（762 米）长的火车，运载着轿车、公共汽车和卡车，以 90 英里 / 小时（145 千米 / 小时）的速度行驶在英吉利海峡下两条 31 英里（50 公里）长的隧道上。汽车司机将车开到火车上，直到航程结束，司机才能出来。通常用拥有大型车厢的火车运载轿车和公共汽车。一些简单的半开放式的火车用来运载卡车。在英国、欧洲大陆和隧道内不同的铁路系统中穿梭着高速行驶的客运火车。

🏢 世界上最长的公路隧道是什么？

世界上最长的隧道是挪威的莱达尔和艾于兰之间的公路隧道。隧道长 15.2 英里（24.5 千米），于 2000 年完工。

为什么下水井盖是圆的？

下水道普遍使用圆的盖子，因为圆盖不易掉入洞口。为了能使盖子紧密地盖在下水井口上，可使用一起生产的配套井盖，圆盖比下水井口大。其他形状的盖子，比如方形或矩形，都可能从下水井口滑下。此外，相对于其他形状，圆形更容易精确制造，而且一旦卸下，圆形井盖可以滚动，不用费力搬运。

🏢 桥梁结构的不同种类有哪些？

桥梁跨越溪流或其他障碍物主要有 4 种结构：固定梁、悬臂、拱形和悬索系统。

固定梁桥是最简单也是最普通的桥梁样式，拥有直立的大梁来承载重量。相对来说，跨度较短，其承重主要靠桥柱或桥墩。

悬臂桥的每个臂承都是或可以是独立的，短中心桁架的荷载通过外部臂的桥墩向下推压，并在两端向上拉拽。外面的悬臂通常固定在桥墩上，伸向中间桁架。

拱形桥处于受压状态，两端支座受到向外的推力。

悬索桥的路面连接在钢索上，固定于岸上的钢索起主要的承重作用。这种桥跨度大，而且中间不需要大梁支撑。

何为"接吻桥"?

上面有顶、两侧有木墙的桥被称为"接吻桥",因为在桥里面的人们不能被外面的人看到。这种桥始于19世纪早期。与人们想的不一样的是,设计这样的桥并不是为了创造乡村的"爱情小巷",而是为了保护桥体。

谁建造了布鲁克林大桥?

美籍德裔工程师约翰·罗布林(John A. Roebling)在1855年建造了第一座真正的现代悬索桥。布鲁克林大桥的特点:用塔来支撑大量电缆,用张力锚碇支撑拉索,行车道悬挂在主缆绳上,在公路桥面下或旁边放上钢制甲板来防震。1867年,罗布林正式接下布鲁克林大桥的建造任务。他在设计中,创造性地使用钢绳而非弹力较小的铁。大桥开工没多久,罗布林在一次事故中被压坏了脚,导致他因破伤风去世。他的儿子华盛顿·罗布林(Washington A. Roebling)承担了大桥的建造任务。14年之后,也就是1883年,大桥竣工了。大桥跨越东河,连接纽约的曼哈顿和布鲁克林。这座桥在当时算得上是世界上最长的悬索桥。桥的中央跨度为1 595英尺(486米),其石塔高出水平面276英尺(841米)。现在,布鲁克林大桥仍然是全美土木工程界的杰作。

1874年,圣路易斯横跨密西西比河的第一座大桥的安全性是如何检测的?

根据霍华德·米勒(Howard Miller)对这座大桥的历史性评价,"随着越来越重的火车穿梭于桥上,造桥工程师詹姆斯B.伊兹(James B. Eads)做了精确缜密的测量。然而,公众可能更相信一个非科学的测试。众所周知,大象天生机敏,不会踏上不安全的桥。当来自当地动物园的大象毫不犹豫地走到桥上,并且平稳地到达伊利诺伊州那边时,人们顿时欢呼雀跃"。

谁设计了金门大桥?

1929年,约瑟夫·B.斯特劳斯(Joseph B. Strauss)正式成为金门大桥的总工程师,查尔斯·埃利斯(Charles Ellis)和莱昂·莫斯夫(Leon Moissieff)协同设计。1937年5月,这座跨越旧金山海湾,连接旧金山和加利福尼亚的宏伟悬索桥对公众开放。它的跨度是4 200英尺(1 280米),塔高746英尺(227米)。

五花八门的建筑结构

什么是得克萨斯塔？

得克萨斯塔是一个建在深海桩基上的用于雷达观测的离岸平台。它就像墨西哥湾得克萨斯海岸最早使用的离岸石油钻塔或钻井平台。除了雷达探测外，这座塔还可能包括船员宿舍、直升机起落台、雾笛、海洋仪器等。

美国最高的国家纪念碑是什么？

密苏里州圣路易斯的拱门，高 630 英尺（192 米），比华盛顿纪念碑高 75 英尺（23 米）。它由埃罗·沙里宁（Eero Saarinen）设计，形状为倒置的悬链线曲线，采用不锈钢建造。其特点及有趣之处如下：

一 般 特 点
外面宽度：由北到南,630 英尺(192 米)
最大高度：630 英尺(192 米)
拱门截面形状：等边三角形
拱门底面宽度：54 英尺(16.46 米)
拱门挠度：在风速为 150 英里 / 时(240 千米 / 时)的情况下是 18 英寸(0.46 米)
拱门分段数：142
外面金属镀层的厚度：0.25 英寸(6.3 毫米)
拱门材料种类：外部不锈钢,采用 3 号抛光 304 型
钢 重
不锈钢金属外层：886 吨(804 公吨)
里层碳钢：厚度 3/8 英寸(9.5 毫米),重量 2 157 吨(1 957 公吨)
钢制加强件：1 408 吨(1 277 公吨)
里层钢结构、阶梯等：300 吨(272 公吨)
钢总重量：5 199 吨(4 644 公吨)

拱门中混凝土重量
表层到300英尺（91米）之间：12 127吨（11 011公吨）
地基：25 980吨（23 569公吨）
混凝土总重：38 107吨（34 570公吨）
外部防护层：6根尺寸为0.5英尺×20英尺（13毫米×50毫米）的避雷针和一个航空障碍灯

应该建立海堤来保护海滩吗？

当暴风雨来临时，海浪并不能像平常一样将沙子冲到低潮线以下的海滩上，使沙滩平整。在海堤的作用下，海浪可将更多的沙子冲到深海。替代海堤的另一方法是护岸。这是由巨砾、碎石或混凝土建造的墙，它模仿的是海滩在海浪冲击下变得平整的方式。

埃菲尔铁塔的各项指标数据为多少？

塔的钢铁结构数量：15 000

铆钉数量：2 500 000

地基重量：306吨（27 602千克）

铁重量：8092吨（7 341 214千克）

电梯系统重量：1042吨（946 000千克）

总重量：9 441吨（8 564 816千克）

地基压力：58~64磅／平方英寸（4~4.5千克／平方厘米）

第一层平台高度：189英尺（58米）

第二层平台高度：379.8英尺（116米）

第三次平台高度：905.11英尺（276米）

1889年测量的总高度：985英尺11英寸（300.5米）

包括电视天线的总高度：1 052英尺4英寸（320.75米）

到顶部的台阶数：1 671

由风引起的顶端最大摇摆幅度：4.75英寸（12厘米）

由金属膨胀引起的顶端最大摇摆幅度：7 英寸（18 厘米）

底部占地面积：2.54 英亩（10 282 平方米）

建造日期：1887 年 1 月 26 日—1889 年 3 月 31 日

施工费用：7 799 401.31 法郎（1 505 675.90 美元）

🏢 巴拿马运河有多少个船闸？

连接大西洋和太平洋的巴拿马运河长 40 英里（64 千米），于 1914 年竣工。巴拿马运河拥有两套船闸系统，分别是原始船闸（1914 年造成）和扩建船闸（2016 年建成）。原始船闸包括米拉弗洛雷斯、佩德罗·米盖尔和加通船闸。每个船闸包含两个并行的船闸室，允许船只可以双向通过。扩建船闸包括科科利和阿瓜克拉拉船闸。每个船闸有三个闸室，允许船只在不同水位间升降，从而实现太平洋与大西洋之间的通行。从海洋的一端行驶到另一端，船只将升高 85 英尺（26 米）。

🏢 美国最高的大坝及其容量是多少？

奥罗维尔大坝是美国最高的大坝，高 754 英尺（230 米），位于加利福尼亚州奥罗维尔附近的费瑟河上，总长超过 1 英里（1 609 米）。大坝建于 1968 年，拥有一个蓄水量达 350 万英亩·英尺（430 万立方米）的水库。美国第二高的大坝是胡佛大坝，位于内华达州和亚利桑那州边界的科罗拉多河上，高 726 英尺（221 米），曾是世界最高的水坝，并且这一纪录保持了 322 年。

🏢 胡佛大坝有多大？

胡佛大坝又称为博尔德大坝，坐落在内华达州和亚利桑那州之间的科罗拉多河上，是美国最高的混凝土拱形坝。坝长 1 244 英尺（379 米），高 726 英尺（221 米），坝基厚度是 660 英尺（201 米），坝顶厚度是 45 英尺（13.7 米）。

由于美国西南部不断发生洪灾或干旱，因此需要建筑水坝。如不加以控制，科罗拉多河的价值就非常有限。但是水势一旦得到控制，就可以确保全年水资源的稳定供给，并保护低洼地区免受洪水侵袭。1928 年 12 月 12 日，博尔德峡谷工程方案通过审批，并于 1935 年 9 月 30 日竣工，这比预计时间提前了两年。在长达 22 年的时间里，胡佛大坝一直是世界上最高的大坝。

自由女神塑像高度及重量是多少？

自由女神像是为了纪念美国成立100周年，由法国雕塑家弗雷德里克·奥古斯特·巴托尔迪（Frederic Auguste Bartholdi）构思设计的。自由女神像又称"自由照亮世界"。塑像高152英尺（946米），重225吨（204公吨），屹立于高151英尺（46米）的基座上。女神的长袍由300多片手工制成的铜片覆盖在钢架上制成。女神像于1884年在法国建造并完成，内外部都被拆分成零件，并被装置在200个木制板条箱内，于1885年5月用船运到美国。抵美后，塑像被安放在纽约市港口入口处的贝德洛岛上。1886年，美国为成立110年举办庆典，这座雕像的揭幕仪式举行。

直到1903年，塑像上添加了如下铭文："放下劳累、贫穷，尽情呼吸自由……"这段诗文取自纽约诗人艾玛·拉撒路（Emma Lazarus）于1883年创作的《新巨人》（*The New Colossus*）。自由女神像是美国最高的雕像，在其百年之际，耗费69 800万美元翻新，并于1986年7月4日修补完成。一个明显的区别是，女神所持火炬的火焰是24 K金的，正如当初的设计一样。1916年，火焰被换成了一个淡黄色的玻璃灯笼。在女神像的王冠边缘隐藏着一个观光台，可以通过爬上354级台阶或搭上直升机到达。

自由女神像有多少级台阶？

参观者必须登上354级台阶（22层楼）才能到达塑像的皇冠处。

是谁发明了摩天轮？

摩天轮最初被称为"快乐轮"。1620年，英国旅行家彼得·芒迪（Peter Mundy）最先描述过这种"快乐轮"。他在土耳其看到孩子们玩一种坐轮。这种坐轮包括两个直径为20英尺（6米）的垂直轮子，且每边均由一个大柱子支撑。在1728年的英格兰圣巴塞洛缪展会上，这种轮被称为"上下轮"。1860年，法国出现手工旋转、可载16名乘客的"快乐轮"。那时，在美国佐治亚州的沃尔顿泉，也使用过较大的木制摩天轮。

1889年，法国成立100周年。人们想设计一个更壮观、更引人瞩目，可以和埃菲尔铁塔相媲美的建筑物。1893年，哥伦比亚博览会举行了设计大赛。美国桥梁建筑家乔治·华盛顿·费里斯（George Washington Gale Ferris）摘得桂冠。1893年，他设计并建造了巨大的可旋转钢制摩天轮，高出地面264英尺（80.5米），轮周长825英尺

（251.5 米），直径 250 英尺（76 米），由两个宽 30 英尺（9 米）、高 140 英尺（43 米）的塔支撑，共安装了 36 个载客厢，每个载客厢可载 60 名乘客。1893 年 6 月 21 日，在伊利诺伊州芝加哥博览会开张时，取得了极大成功。数千人排长队，每人花 50 美分可坐 20 分钟，这在当时是一笔巨款。1904 年，因为路易斯安那州的购物博览会，摩天轮被移到了密苏里州的圣路易斯。最终，它被当作废品出售。

第4章
船舶、火车、汽车和飞机

船 和 舰 艇

什么是航位推测法？

航位推测法（dead reckoning）是指以假定的航行距离与航向为基础，测定轮船当前经度和纬度的测量方法。洋流与风向的影响以及指南针的误差都被考虑在内，所有的计算都不使用任何天文与物理观测，因此是一项对导航技能的真正考验。

进行秘密行动且不能浮出水面的核潜艇使用的是美国海军研制的 SINS 系统（船舶惯性导航系统）。这是一项完全自动控制的系统，不需要任何的接收或传送装置，并且不涉及任何探测信号。它包括加速计时器、陀螺仪和计算机。这些仪器一同运作，形成航位推测法的一种复杂形式，即惯性导航。

帆船上雕刻的女性木雕像叫什么？

在帆船船首顶部的木质雕像经常被塑造成一位女性的形象，这一雕像叫船首像。

"By and large" 这一短语的航海意义是什么？

在各种帆船上，掌舵的新船员们通常会 "by and large" 航行，意思就是让他们以比有经验的舵手选择的更大的角度航行。迎风直线航行是最有效的，但是这样会引起船帆向后摆动，导致速度降低，且不易控制。因此，"by and large" 航行就是在一个正确的，但不是最佳的航道上航行。最终，这一短语被普遍用作"大约"的同义词。

轮船的右侧为什么被称为"右舷"？

在海盗时代，轮船是由安装在右侧的长桨或长板控制的。它们在古英语中被称为 "steorbords"，后来演化成 "starboard"（右舷）这个词。从船上向前看去，轮船的左侧叫 "Port"（左舷）。左舷以前称作 "larboard"，可能源于早期商船总是在船左侧装卸货物的事实。该词的词源是斯堪的纳维亚语，源于 "lade"（装载）和 "bord"（侧面）。英国海军部下令用 "port" 取代 "larboard"（左舷），以避免和 "starboard"（右舷）混淆。

诺亚方舟是用什么木材制成的？

根据《圣经》记载，诺亚方舟是由歌斐木制成的，这种木材被鉴定为丝柏（*Cupressus sempervirens*）。这是世界上最耐久的木材之一，也叫地中海柏木。它的原产地是欧洲南部和亚洲西部，可以长到 80 英尺（24 米）高。与这种树相似的是蒙特利柏树（*Cupressus macrocarpa*），它的生长范围仅限于加利福尼亚州中部沿海一带一块很小的区域，这种树能够长至 90 英尺（27 米）高，水平的枝干可以撑起一个宽大的、四处延伸的树冠。树老了以后，看起来非常像黎巴嫩的老雪松。

"马克·吐温"这一术语的来源是什么？

"马克·吐温"（Mark twain）是一个内河船只术语，意思是 2 英寻（12 英尺或 3.6 米深）。当水深不足 20 英寻（120 英尺或 36 米）时，会用铅锤来测量。铅锤由一个铅块和一根线组成。铅块重 7~14 英镑（3~6 千克），线长 25 英寻（150 英尺或 46 米），线由大麻或棉线编织而成。线上在长度为 2、3、5、7、10、15、17 和 20 英寻的地方标有刻度。探测深度由一个测深手来进行。他站在船的一侧凸出来的平台上，喊出水的深度。英寻数通常是喊出的最后一部分。当深度与铅线标出的某一个数字一致时，他们报出 "By the mark 7"（达到标度 7），"By the mark 10"（达到标度 10）等。当水深在铅线标示的两个数字之间时，则报出 "By the deep 6"（水深为 6）等。而当水深比标度稍深时，就报告 "And a half 7"（7.5），"And a quarter 5"（5.25）。比标示稍浅时，则为 "Half less 7"（6.5），"Quarter less 10"（9.75）等。如果没有到达水底，就喊出 "20 英寻不到水底"。

"马克·吐温"也是美国幽默作家塞缪尔·克莱门斯（Samuel L. Clemens）的笔名。他选择这个笔名是因为它所暗示的意义。"马克·吐温"是水上生活的人使用的一个词，指水深勉强能安全航行。"勉强安全的水深"的含义之一正如他所塑造的人物哈克·芬恩（Huck Finn）后来说的那样，"马克·吐温先生……他基本上说了实话"。另一个含义是，"勉强安全的水深"通常使人感到紧张，或至少使人感到不舒服。

轮船的吨位是怎样计算的？

一艘轮船的吨位不一定是船体的重量。至少有 6 种划分轮船级别的方法。最常用的是：

排水量吨位——特别用于战舰和美国商船——是一艘船排出的水的重量。由于 1 吨海水合 35 立方英尺（1 立方米），轮船排出的水的重量可以用轮船的水下部分的容积（立方英尺）除以 35 来测得，得出来的结果转换成长吨（2 240 磅或 1 017 千克）。满载排水量吨位是指船舶承载正常的燃料、货物及全体船员时排出的水的重量。轻载排水量吨位是指空载时船舶排出的水的重量。

总吨位（GRST）或总登记吨位（GRT）——用于划分商船和客船的级别——测量一艘船的封闭容积。它是用船只封闭空间的体积（立方英尺）除以 100（100 立方英尺被视为 1 吨），得出的结果就是总（登记）吨位。例如，老"伊丽莎白女王"号轮船并不是重 83 673 吨，而是拥有 8 367 300 立方英尺（236 878 立方米）的容量。

载重吨位（DWT）——用于货船和油轮——是指船满载时，船能装载的所有东西的总重量，用长吨（2 240 磅或 1 016 千克）来表示。它表示使船下沉到满载吃水线时船上所有装载物的总重量，即船的装载能力，包括货物、补给品、燃料舱及旅客。

净登记吨位（NRT）——用于商船——指用总登记吨位减去不能用于运送旅客或运货的空间（全体船员占用的空间、压舱物、机舱等）。

船运中"船舶载重水线"这一术语指什么？

船舶载重水线是在商船船身上刻的载重水位标记。这个标记表明船的安全装载限度。船舶载重水线的高度在世界上不同的地方、不同的季节有所不同。它也被称为"普利姆索尔线"或"普利姆索尔标记"，主要是因为在塞缪尔·普利姆索尔（Samuel Plimsoll）的鼓动下，船舶载重水线在 1875 年的《商船法案》（*Merchant Shipping*

Act) 中被英国议会制定为法律。这项法律旨在防止不道德的船主派遣不适于海上航行且超载的，但又投了大量保险的船只（所谓的"棺材船"），这样的船只威胁着全体船员的生命。

谁制造了"自由轮"？

第二次世界大战时的"自由轮"是根据亨利·凯泽（Henry J. Kaiser）的构想而制造的。亨利·凯泽是一位美国实业家，在 1941 年之前，他从来没有经营过造船厂。由于战争期间商船吨位的剧减，急需保护正在运输武器和物资的商船，于是"自由轮"就诞生了。这是一种标准商船，载重量达 10 500 长吨（10 668 公吨），航行速度为 11 海里 / 小时。"自由轮"是以简单的标准大规模生产的，其优点为结构简单，易于操作，建造快速，有巨大的货物载重能力。此外，凯泽又采用了预制构件，用焊接代替了铆接。这些船只在盟军获胜方面起着决定性作用。4 年中，共生产了 2 770 艘船，总载重量达 29 292 000 长吨（29 760 672 公吨）。

最早的医用轮船是什么时候建造的？

人们认为，1587—1588 年的西班牙无敌舰队中就有医用轮船。英国最早的有记载的医用轮船是 1608 年的"友好"号。但直到 1660 年以后，英国皇家海军才形成惯例，留出一些船只用于医疗。在 1898 的美西战争中，美国政府装备了 6 艘医用轮船，其中一些长期附属于舰队。1916 年 8 月，美国国会批准建造"USS Relief"（救济）号。它于 1919 年下水，于 1920 年 12 月交付海军使用。

"泰坦尼克"号为什么会沉没？

1912 年 4 月 14 日星期日晚上 11 点 40 分，英国豪华轮船"泰坦尼克"号从英国的南安普敦前往纽约的初次航行中，从侧面撞上了冰山，并受到严重损坏。这艘 882 英尺（269 米）长的轮船有 8 层，高度相当于 11 层的大楼。在被撞 2 小时 40 分钟后沉没。在 2 227 名乘客和船员中，有 705 人乘坐 20 只救生艇和救生筏逃生，1 522 人淹死。

作为有名的跨大西洋海运史上最大的灾难，"泰坦尼克"号沉没事故中伤亡尤为严重。虽然史密斯船长（Capt. E. J. Smith）已被警告在航道上有冰山，但他仍坚持 22 海里 / 时的速度，并且没有额外增派瞭望员。后来的调查揭示，"加利福尼亚"号轮船离它只有 20 英里（32 千米）远，如果"加利福尼亚"号的无线电话务员在值班的话，本可以提供帮助。"泰坦尼克"号的救生艇数量不足，而且那些可以使用的也没得到良好的管理，一些救生艇只装了一半人就离开了轮船。唯一对遇险信号作出反应的是古老的"卡帕西亚"号，这艘轮船救了 705 人。

与人们长期以来一直持有的观点相反，"泰坦尼克"号轮船不是被冰山切开的。当伍兹·霍尔海洋学院的罗伯特·巴拉德（Robert Ballard）于 1986 年 7 月坐着"阿尔文"号海洋地质调查深潜器下沉到沉船地点时，他发现船的右舷船头的舷板在碰撞的冲击力下已经弯曲变形，从而导致轮船裂开，海水灌了进去。

巴拉德发现，船头和船尾在海底相距 600 多码（548 米），从而推测出轮船在与冰山发生碰撞之后所发生的事情："在船撞到冰山之后，海水进入前边 6 个水密舱。当船头下沉时，海水就灌进一个一个的水密舱，使船尾更高地翘出水面，直到船体的应力超出了船能承受的限度。船断开了……"然后船尾很快就沉了下去。

更近的调查结果表明，有缺陷的铆钉导致了"泰坦尼克"号的结构弱点。一家腐蚀实验室对来自船体上的铆钉进行了分析。结果发现，铆钉的熔渣含量非常高，导致铆钉变得脆弱且易断裂。这些功能减弱的铆钉突然崩落，钢板就分离了。

第一艘核动力船是什么时候下水的？

可控制的核反应堆产生巨大的热量，这些热量将水变成蒸汽以推动涡轮机。美国建造的"鹦鹉螺"号是世界上第一艘核动力潜艇，于 1955 年 1 月 17 日首航。它被称为第一艘真正的潜艇，因为它能在水下停留无限长的时间。"鹦鹉螺"号长 324 英尺（99米），水下最大行程 2 500 英里（4 023 千米），潜水深度 700 英尺（213 米），能在水下以 20 海里 / 时的速度航行。

第一艘核战舰是 14 000 吨的美国"长滩"号巡洋舰，于 1959 年 7 月 14 日下水。美国的"企业"号是第一艘核动力航空母舰，于 1960 年 9 月 24 日下水。舰长 1 101.5 英尺（336 米），设计运载量为 100 架飞机。

第一艘核动力商船是"萨凡纳"号。这是一艘 20 000 吨的船，于 1962 年下水。美国建造这艘船主要是为了进行实验，从来没有进行过商业运营。1969 年，德国建成"奥托·哈恩"号，这是一台核动力载物运输船。核动力在非海军船只方面最成功的应用是破冰船。第一只核动力破冰船是苏联的"列宁"号，于 1959 年交付使用。

火车和有轨电车

什么是标准轨距铁路？

在英国，由乔治·斯蒂芬森（George Stephenson）建造的蒸汽机车，在 4 英尺 8.5 英寸（1.41 米）宽的铁轨上成功运行，这个轨距可能源于当时马车和电车的轮距。斯蒂芬森是一个自学成才的发明家、工程师。1814 年，他研制出蒸汽鼓风发动机，使蒸汽机车变得实用。然而，斯蒂芬森在铁路研制上的竞争者伊桑巴德·布鲁内（Isambard K. Brunel）向大西方铁道公司展示了他的研究成果，他的轨道距离是 7 英尺 0.25 英寸（2.14 米）。著名的"轨距之战"开始了。由英国议会委派的委员会做出有利于斯蒂芬森的决定，采用相对较窄的轨道。1846 年的《轨距法案》（the Gauge Act）禁止使用其他的轨距。这一宽度最终也被世界其他地区所接受。轨距的测量方法是在铁轨顶面以下 5/8 英寸（16 毫米）处，测量两根铁轨内侧轨头之间的距离。

世界上最长的铁路是什么？

西伯利亚大铁路是从莫斯科到符拉迪沃斯托克（海参崴）的铁路，长 5 777 英里（9 297 千米）。如果把到纳霍德卡的支线也算在内，这个长度就成为 5 865 英里（9 436 千米）。这条铁路是分段开放的。第一辆货车于 1898 年 8 月 27 日抵达伊尔库茨克。贝加尔湖–阿穆尔河铁路于 1938 年开始建设，将距离缩短约 310 英里（500 千米）。整个线路行程大约需要 7 天 2 小时，跨越 7 个时区。在整个线路中有 9 条隧道，139 座大桥或高架桥，小桥或涵洞的数量多达 3 762 个。几乎整条线路都实现了电气化。

与之相比，第一条美国跨洲铁路完成于 1869 年 5 月 10 日，长约 1 780 英里（2 864 千米）。中央太平洋铁路从加利福尼亚州的萨克拉门托向东建设，而联合太平洋铁路向西建筑到犹他州的普洛蒙特利尖锋。两条线路在这里接轨。

美国第一条铁路是在什么时候特许建造的？

美国第一条铁路特许权是新泽西州霍博肯市的陆军上校约翰·斯蒂文斯（Colonel John Stevens）于 1815 年 2 月 6 日获得的，用于托伦顿与新不伦瑞克附近的特拉华运河和拉里坦河之间建设和运营一条铁路。然而，由于缺乏财政支持，该铁路未能建成。花岗岩铁路由格里德利·布赖恩特（Gridley Bryant）建造，于1826年10月7日获得特许权。铁路从马萨诸塞州的昆西延伸到尼庞西特河——全长约3英里（4.8千米）。铁路运送的主要货物是用于建设邦克山纪念碑的花岗岩石块。

守车是何时从铁路上消失的？消失的原因是什么？

人们曾经经常看到的位于火车车尾的红色守车，现在已经成为历史的回忆了。守车曾是列车长、制动员和司旗员在火车上的家。1972年，佛罗里达东海铁路公司拆除了守车。在20世纪80年代早些时候，美国联合运输联合会同意卸掉许多火车上的守车。科技取代了众多铁路雇员的职能。计算机取代了列车长的记录工作，电子的"列车尾部装置"监控火车的刹车力，这就减少了后边刹车手的一项工作。轨道旁监视器的设置是为了探测车轴上面的轴承，并向工程师报告出现的问题。

什么是铁路上的轻便轨道三轮车？

在19世纪，铁路轨道维修工人推着一辆三轮手推车，沿着轨道快速前进。这种手推车用于各站之间的快运以及包裹的投寄，还可以用来传递必须在下一辆火车到来之前传递的紧急信息。这个重150磅（68千克）的三轮车像一辆带挎斗的自行车，也叫"爱尔兰邮递"。驾驶员坐在两轮部分的中间位置，前后推动曲柄，使三角形的交通工具沿轨道前进。这个人工推动的手推车在第一次世界大战后，被以燃油为动力的轨道交通工具所代替。燃油的轨道车又被传统的配有备用凸缘轮子的轻型小货车取代。

"甘迪舞者"这一术语是什么意思？

"甘迪舞者"（gandy dancer）即铁路劳动者。这个名字源于伊利诺伊州芝加哥甘迪制造公司生产的用于轨道工作的特殊工具。这些工具在19世纪几乎被路段工组普遍使用。

"东方快车"的路线是什么？

这项奢华的火车服务在1883年6月开通，为法国和土耳其之间提供直达服务。直到1889年，整个旅程才由火车来完成。这条路线从巴黎开始，途经沙隆、南锡、斯特拉斯堡进入德国（通过卡尔斯鲁厄、斯图加特、慕尼黑），然后进入奥地利（经萨尔茨堡、林茨、维也纳）、匈牙利（穿过杰尔和布达佩斯），南到南斯拉夫的贝尔格莱德，穿过保加利亚的索非亚，最后到达土耳其的伊斯坦布尔（旧称君士坦丁堡）。它于 1977 年 5 月停止营运。1982 年，部分线路——威尼斯一辛普朗东方快车重新开始运营。

旧金山的那些缆车是如何移动的？

缆车由一个中央站控制，通常以 9 英里 / 时（14.5 千米 / 时）的速度运行。每个缆车的下边都有一个附件，叫作抱索器。当驾驶员拉动操纵杆时，抱索器就抓住移动的缆绳，并随其移动。当驾驶员放开操纵杆时，抱索器脱离与缆绳的联系，此时驾驶员使用刹车，缆车就会停下来。缆车也叫循环不断的索道，是安德鲁·哈利迪（Andrew S. Hallidie）发明的。1873 年，他首次在旧金山运营这一系统。

什么是缆索铁路？

缆索铁路是一种用于陡坡的铁路，比如在山坡上。两辆相互起平衡作用的车厢或火车由一个缆绳连接，当一方下降时，另一方上升。

机 动 车 辆

"马力"一词由何而来？

马力（house power）是一个能量单位，即在 1 秒钟内把 550 磅（247.5 千克）重的物体提升到 1 英尺（30.48 厘米）的距离所需的能量单位。在 18 世纪末，苏格兰工程师詹姆斯·瓦特（James Watt）改良了蒸汽机，希望测定用蒸汽机从煤矿中抽水的速度与马匹抽水的速度相比如何。此前，马被用作启动水泵的工具。为了定义 1 马力，他对马进行了测试，得出了这样的结论：一匹强壮的马能在 1 分钟之内将 150 磅（67.5 千克）重的物体提升 220 英尺（66.7 米）。所以，1 马力就等于 150×220÷1，或每分钟 33 000 英尺磅（也可以表示为 745.2 焦耳 / 秒、745.2 瓦特）。

"马力"这个术语在汽车出现的早期被频繁地使用，因为不用马拉的车总是和马拉的

┃ 1885 年，卡尔·本茨坐在他发明的汽油驱动的汽车上。

车进行比较。如今，"马力"这个不便利的单位仍然被用来表示发动机的功率，尤其是小汽车和飞机的发动机。一辆小汽车以 50 英里／时（80.5 千米／时）的速度行进，通常需要大约 20 马力来驱动。

汽油发动机与使用乙醇或汽油醇的发动机有何不同？

汽油发动机只用汽油作为燃料。乙醇或汽油醇发动机使用乙醇（一种源于植物的燃料）或者酒精和汽油的混合物作为燃料。燃料系统一定要有与将要使用的燃料兼容的垫圈和零部件。

谁发明了小汽车？

尽管制造自驱动道路运输工具的想法很久以前就出现了，但以汽油为动力的汽车的发明应归功于卡尔·本茨（Karl Benz）和戈特利布·戴姆勒（Gottlieb Daimler），因为他们最早实现了汽车的商业化。本茨和戴姆勒各自独立钻研，谁也不知道对方的研究情况。他们都研制出了小型内燃机来驱动汽车。本茨于 1885 年建造了三轮车，它由一个舵柄来控制方向。戴姆勒的四轮汽车产于 1887 年。

早期的自驱动道路交通工具包括由尼古拉斯-约瑟夫·居纽（Nicolas-Joseph Cugnot）发明的蒸汽驱动装置。1769年，他驾车以2.5英里/小时（4千米/小时）的速度行驶在巴黎的街道上。里查德·特利维西克（Richard Trevithick）也生产了一辆蒸汽驱动的汽车，能承载8名乘客。1801年12月24日，汽车首次行驶在英国的坎伯恩市。伦敦人塞缪尔·布朗（Samuel Brown）于1826年建造出最早的四马力燃气动力汽车。1862年，比利时工程师埃蒂安·勒努瓦（J. J. Etienne Lenoire）生产出了一辆有内燃机的汽车，这种发动机燃烧的是液体烃。但是直到1863年9月，他才在路上对这种车进行试验，当时它在3个小时内行驶了12英里（19.3千米）。奥地利发明家西格弗里德·马库斯（Siegfried Marcus）于1864年发明了燃烧汽油的四轮手推车，并在1875年发明了全尺寸的汽车。维也纳警察反对汽车发出的噪声，马库斯因此没有继续开发它。爱德华·德拉马尔-德布特韦尔（Edouard Delamare-Deboutteville）在1883年发明了八马力的汽车，但是这种汽车在公路上并不耐用。

美国第一辆大批量生产的天然气动力车是什么？

本田思域Civic GX天然气汽车于1998年开始生产。这种汽车被认为是当时燃烧最清洁的内燃机汽车。

电车是怎样工作的？

电车使用一种电动马达将存储在电池中的电能转变成机械能。发电装置（太阳能电池板、发电制动、内燃机驱动发动机、燃料电池）以及存储装置的各种组合都被应用于电车中。

电动汽车是什么时候开始盛行的？

在19世纪的最后10年里，电动汽车在城市中尤其盛行，人们已经开始熟知有轨电车与无轨电车，并且已经利用科技，生产出各种型号的发动机和电池。"爱迪生电池"（Edison Cell）——一种镍铁合金电池，成了电动汽车中的佼佼者。到1900年，电动汽车几乎主宰了乘用车市场。那一年，美国销售出4 200辆汽车。其中，38%是电力驱动的，22%是汽油的，40%是蒸汽的。到了1911年，汽车启动机取代了手摇启动。亨利·福特（Henry Ford）那时也刚刚开始大批量生产T型车。到1924年，在国际车展中展出的已经不止一种电动汽车，斯坦利蒸汽车于同年被淘汰。

由于 20 世纪 70 年代能源危机和 90 年代对于环境的关注［之前已有《清洁空气法案》(*Clean Air Act*)］，汽车生产商们已经将好几种全电力汽车和混合动力汽车推向市场。通用汽车公司将一种电力汽车"冲击"(Impact) 投入市场。本田推出了"音赛特"(Insight) 和"思域"(Civic) 两款轿车，二者都是使用一个汽油发动机和一个电动马达的混合动力汽车。丰田则推出了"普鲁士"(Prius) 混合动力汽车。

美国第一家汽车公司是谁创建的？

查尔斯·杜里埃 (Charles Duryea) 是一位来自伊利诺伊州皮奥里亚的生产商。他和他的弟弟弗兰克·杜里埃 (Frank Duryea) 创办了美国第一家汽车生产公司，成为美国第一家生产汽车以供销售的制造商。1895 年创建于马萨诸塞州斯普林菲尔德的杜里埃汽车公司制造出以汽油为动力，而不是马拉的四轮车，与德国奔驰公司生产的汽车很相似。

然而，杜里埃兄弟并没有在美国建立第一家汽车生产厂。兰塞姆·埃利·奥兹 (Ransom Eli Olds) 于 1899 年在密歇根州的底特律建立了美国第一家汽车厂，生产奥

▍ 1893 年，亨利·福特驾驶着他的第一辆小汽车行驶在底特律的街道上。

兹莫比尔（Oldsmobile）汽车。到 1901 年 4 月，那里每周生产 10 多辆汽车。1901 年生产的汽车总量达到了 433 辆。1902 年，奥兹采用流水线的生产方法，在 1902 年生产了 2 500 多辆汽车。1904 年的产量已经达到 5 508 辆。1906 年，美国已有 125 家汽车生产公司。1908 年，美国工程师亨利·福特（Henry Ford）通过增加传送带系统，进一步改进了流水线技术。传送带将汽车零部件传送给生产线上的工人，使汽车生产速度加快，成本降低，生产时间也减少到 93 分钟。福特公司那一年卖出了 10 660 辆汽车。

米其林轮胎是何时引进的？

最早的汽车充气轮胎是在 1885 年由法国的安德烈（Andre）和爱德华·米其林（Edouard Michelin）生产出来的。最早的子午线轮胎，即米其林 X，在 1948 年生产并销售。在这种子午线构造中，名为"帘线"的细丝材料从胎圈到胎圈跨轮胎圆周铺设，并与胎面中心线垂直，帘线由钢丝或环绕轮胎的带制成。据说子午线轮胎比斜交轮胎或者带束斜交轮胎（二者均有对角斜铺的帘线）使用寿命更长，更易掌控，并且在中速和高速行驶时更稳。然而，子午线轮胎在低速行驶时提供坚固且几乎坚硬的乘坐体验。

什么是折叠式后座？

折叠式后座（rumble seat）指的是汽车外边折叠式的座位，位于某些老式的双门小轿车、敞篷车或跑车的后面。

无内胎汽车轮胎最早是在什么时候生产出来的？

1947 年 5 月 11 日，在俄亥俄州的阿克伦市，古德里奇公司宣布制造出了无内胎轮胎。1953 年，邓禄普成为英国第一家生产无内胎汽车轮胎的公司。

汽车轮胎上的数字有什么含义？

与轮胎大小和型号相关的数字和字母既复杂又令人费解。"公制 P"编号系统可能是表示轮胎大小最有效的办法了。比如，如果轮胎标有 P185/75R-14，那么，"P"意味着该轮胎用于客车。数字"185"是以毫米为单位的轮胎的宽度。"75"则表示纵横比，即轮胎从轮圈到路面的高度是宽度的 75%。"R"是说该轮胎为子午线轮胎。"14"是以英寸为单位的轮胎的直径（13 英寸和 15 英寸也是常见的直径大小）。速度等级由尺寸标记中的一个字母来表示（见下表）。

符　　号	最　高　速　度	
	英里/时	千米/时
S	112	180
T	118	190
U	124	200
H	130	210
V	149	240
W	168	270
Y	186	300
Z	186+	300+

什么汽车率先拥有现代车载空调？

最早配有空调的汽车是由密歇根州底特律市的帕卡德汽车公司生产的，于 1939 年 11 月 4 日至 12 日在伊利诺伊州芝加哥第 40 届车展上公开亮相。车载空调使汽车中的空气降至想要的温度，过滤、循环车内空气，还能除湿。第一套全自动空气制冷系统是凯迪拉克在 1964 年推出的"气候控制"（Climate Control）。

什么汽车率先配有自动变速器？

最早的现代自动变速器是通用汽车公司的海德拉迈蒂克（Hydramatic）变速器，它在 20 世纪 40 年代被奥兹莫比尔汽车所选用。1934—1936 年间，少数几辆 18 马力的奥斯汀（Austin）汽车安装上了美国设计的海斯（Hayes）无限变速齿轮。现代最早的自动变速箱在 1898 年申请了专利。

有核能汽车吗？

20 世纪 50 年代，福特汽车的设计师们设计出了福特"核子"（Nucleon），这是由安装在汽车后部环形盖子底下的小型原子反应堆核心来驱动的。2009年，凯迪拉克推出了使用钍作为燃料的核动力概念车WTF。但由于技术和安全挑战，这些设计并没有实现商业化。

第一个汽车牌照是在哪里发行的？

1889年，法国巴黎的莱昂·赛波莱（Leon Serpollet）取得了第一个汽车牌照。1901年，美国纽约最早要求持照行车。登记注册要求在30天内完成。为此，车主必须提供自己的姓名、家庭住址以及所拥有的汽车的外观特征。注册费用为1美元。牌照上印有车主名字的首字母，并且牌照的高度要超过3英寸（7.5厘米）。铝制永久性牌照于1937年首次在康涅狄格州发行。

从车辆识别号码、车身数字牌照及汽车发动机上我们能得到什么信息？

这些编码表示的是汽车的型号、制造商、生产年份、变速器类型、生产公司，有时甚至还有汽车的生产日期。这些编码的形式和内容并不是标准化的（有一个例外），并且同一制造商在不同年份生产的汽车的编码也是经常变化的。这个例外（始于1981年）就是编码的第10个数字，这个数字表示的是生产年份。汽车的各种不同部件可能在不同的公司生产，因此，车辆识别号码（VIN）中表示的地点可能与发动机号上的数字代表的地点不一致。正式销售手册上列有某种牌子汽车的编号。

防抱死制动系统是怎样运作的？

防抱死制动系统（ABS）是在1936年最早发明并获得专利的。防抱死制动系统由一个德国术语"防抱死系统"（antiblockiersystem）演化而来。该系统可以防止轮胎抱死。轮胎抱死会使汽车不稳定，引起打滑。防抱死制动系统利用计算机自动调节刹车时的制动压力，从而防止车轮抱死。

汽车以不同速度行驶时的刹车距离各是多少？

汽车平均刹车距离与汽车行驶速度直接相关。在干燥、平坦的混凝土路面上，最短的刹车距离如下（包括司机刹车前的反应时间）：

速 度		反应时间距离		刹 车 距 离		总 距 离	
英里/时	千米/时	英尺	米	英尺	米	英尺	米
10	16	11	3.4	9	2.7	20	6.1
20	32	22	6.7	23	7.0	45	13.7
30	48	33	10.1	45	13.7	78	23.8
40	64	44	13.4	81	24.7	125	38.1
50	80	55	16.8	133	40.5	188	57.3
60	97	66	20.1	206	62.8	272	82.9
70	113	77	23.5	304	92.7	381	116.1

汽车以不同速度在各种不同路面行驶时的打滑距离是多少?

汽车以不同的速度在各种不同的路面上行驶时的打滑距离如下:

速度(英里/时)	柏油路(英尺)	混凝土路(英尺)	雪路(英尺)	碎石路(英尺)
30(48千米/时)	40(12米)	33(10米)	100(30米)	60(18米)
40(64千米/时)	71(22米)	59(18米)	178(54米)	107(33米)
50(80千米/时)	111(34米)	93(28米)	278(85米)	167(51米)
60(96千米/时)	160(49米)	133(41米)	400(122米)	240(73米)

安全带何时成为美国汽车的强制性装置?

美国国家公路安全管理局在1968年首次要求在汽车所有座位上安装腹带,在前排座位上安装肩带。但是直到1984年,当第一个州法律出台,严惩不使用安全带的司机和乘客时,大部分美国人才开始使用安全带。20世纪90年代后期,经常使用安全带的车主占68%。

哪些颜色的汽车最安全？

加利福尼亚大学测试表明，蓝色或黄色对于汽车安全来说是最好的选择。在白天和雾天，安全性最高的是蓝色。在夜间则是黄色。从视觉角度来说，最差的颜色是灰色。在德国梅赛德斯-奔驰的另一项调查中，除了完全被冰雪覆盖的路面或白色沙滩的情况外，白色的分辨度最佳。在这种极端的情况下，鲜艳的黄色和橙色分别排在第二、三位。在该项调查中，分辨度最差的是深绿色。

拉尔夫·纳德的《任何速度都不安全》一书是如何导致科威尔汽车公司倒闭的？

拉尔夫·纳德（Ralph Nader）旨在以此书控诉底特律汽车生产商，尤其是通用汽车公司的罪行。事实上，科威尔汽车公司（Corvair）仅仅在书的第一章中谈到过。纳德认为，通用汽车主管们明知道这种车型并不安全，却还是将车推向了市场。这是因为他们对利润的追求大于一切。

《任何速度都不安全》（Unsafe at Any Speed）一书出版时，纳德还效力于参议院小组委员会主席亚伯拉罕·里比科夫（Abraham Ribicoff）。该委员会正在制订一项有关汽车设计标准的法案，因此这本书受到了极大的关注。纳德在关于包括科威尔公司在内的各种听证会上，应邀担当专家证人。纳德的证词以及适时的宣传，为1966年9月《国家交通与机动车安全法》（National Traffic and Motor Vehicle Safety Act）的实施铺平了道路。

关于汽车的负面宣传使科威尔公司遭受巨大影响。即使设计师为此做出了新的改进，也无法抑制汽车销售量的灾难性下降。科威尔公司汽车的生产也在1969年停止。

美国哪些州允许红灯时右转？

在没有张贴标志的十字路口，所有的州都允许司机在完全停止后，在红灯时右转。根据联邦公路管理局统计，红灯时右转所发生的交通事故少于绿灯时右转。另外，这项法规也使司机在每次转向时，平均节省14秒的时间，从而降低了汽油消耗量，减少了废气排放量，也使得十字路口可以通过更多的交通车辆。

"速度陷阱"最早是什么时候用来逮捕违规超速驾驶的司机？

1905年，纽约市警察局局长威廉·麦卡杜（William McAdoo）在新英格兰乡村的一个限速为8英里/小时（13千米/小时）的行驶区域内，以12英里/小时（19千米/小时）的速度行驶时被拦截。这个速度监测装置包括两个伪装成枯树桩子的检测岗，两个检测装置相隔1英里（1.6千米）。该装置通过一个带有秒表和电话的副手随时监视超速者。当车辆好像在超速行驶时，副手就按下秒表，并通知他前面的同伴立即查阅速度表。他的同伴再通知前边的警察设置障碍，拘捕该超速司机。麦卡杜请新英格兰警员在纽约市装置类似的设备。

最著名的"速度陷阱"（Speed Trap）之一在亚拉巴马州与佐治亚州交界处的弗鲁特赫斯特。一年之中，这个拥有250人的小镇从粗心的超速者手中收取了超过20万美元的罚款。

计算机平均车速记录器是怎样运行的？

1965年发明的计算机平均车速记录器（VASCAR）是一种通过简单的时间和距离测量仪器来测量汽车行驶速度的非雷达计算器。VASCAR可以在静止和移动时，记录两个方向的车辆速度。巡逻车可以尾随目标车辆、在其前方甚至与其垂直行驶。该装置测量"速度陷阱"的长度，然后算出目标车辆通过该距离时所用的时间。一个内置计算器进行计算，并将平均速度显示在一个LED显示屏上。大部分的警察局现在使用移动雷达。移动雷达不易被察觉，而且更加精确。

警用雷达是怎样工作的？

奥地利物理学家克里斯蒂安·多普勒（Christian Doppler）发现，从一个移动物体反射回来的电波以一种不同的频率（更短或更长的波、周期，以及更快或更慢的振动）返回。警用雷达正是基于这种被称为多普勒效应的现象。定向无线电波通过雷达装置传播出去，这些电波从目标车辆上反射回来，并由记录器记录下来。记录器对发出去的电波和接收到的电波的差异进行比较，把信息转换成英里/小时的形式，将速度显示在刻度盘中。

高速激光枪与雷达有什么区别？

高速激光枪依靠的是光的反射时间，而不是多普勒效应。高速激光枪测量的是光到达车辆并反射回来的全程时间。激光枪对准目标（一辆行驶着的汽车）发出非常短的红外激光，并等待它从汽车上反射回来。激光枪的优点在于它发出的光束锥体很小，因此能瞄准某个特定车辆，而且非常准确。它的缺点是需要更加准确地瞄准目标。

安全气囊在汽车发生碰撞时如何防止人撞伤？

当汽车发生正面碰撞时，传感器触发叠氮化钠与铁的释放和反应，产生大量氮气。这种气体在碰撞后的1/5秒后使气囊充满气体，形成一个保护气垫。之后气囊迅速瘪下去，无害的氮气从后面的孔中排放出来。

安全气囊只有在汽车冲撞速度达到11~14英里/时（17~22千米/时）甚至更快时才能发生作用。它不会因为轻微交通事故、在停车场碰到水泥挡板时发生轻微的碰撞或有人踢到保险杠等就启动充气。此外，配有安全气囊的车主们不能在前排座位上使用朝后的儿童座椅，因为充气的安全气囊可能会撞击儿童的座位，撞击力量大得足以对儿童造成伤害。

安全气囊是何时发明的？

为安全气囊申请专利的想法是在20世纪50年代开始出现的。1953年8月18日，美国2 649 311号专利授给发明机动车充气安全气垫的约翰·赫特里克（John W. Hetrick）。福特汽车公司在1957年前后，研究了安全气囊的用途，而阿森·约尔丹诺夫先生（Mr. Assen Jordanoff）在1956年以前也进行了一些未被记录的工作。安全气囊的概念早期有一些其他的用途。据说在第二次世界大战时期，一些飞行员曾在坠机前，采用将救生背心充气的方法进行自救。

在20世纪70年代中期，通用汽车公司在一个试点项目中，打算每年卖出10万辆配有安全气囊的汽车，并以此作为某些昂贵车型打折促销的手段。后来，由于在3年之内仅有8 000位买主定购这种安全气囊，通用公司放弃了这个项目。到1989年9月1日，美国所有生产供销售的新客车都被要求配备安全带或者安全气囊。

停车计时收费表是何时引进的?

俄克拉何马州《每日新闻》(*Daily News*)的编辑、交通委员会商会会员卡尔顿·马吉(Carlton C. Magee)关注大城市的停车问题。他提议开发一种向停车者收费的装置。随后,他与俄克拉何马州农业机械学院教授杰拉尔德·黑尔(Gerald A. Hale)合作,以完善这种装制。1932年,马吉申请了停车计时收费表专利。1935年7月,俄克拉何马州的某些大街上安装了停车计时收费表。现在这些机器设备帮助人们解决了世界各地主要城市的交通和汽车停放问题。

重型卡车和中型卡车有何区别?

中型卡车的重量为 14 001 ~ 33 000 磅(6 351 ~ 14 969 千克)。其型号多样、用途广泛。常见的有饮料运输车、城市货运车和垃圾车。重型卡车的重量为 33 001 磅(14 969 千克)或更重。重型卡车包括长途运输的 18 轮卡车、翻斗车、混凝土搅拌车和消防车等。这些卡车与 1870 年由约翰·尤尔(John Yule)设计的最早的运输型卡车相比已有很大的进步,那辆车的行驶速度只有 0.75 英里 / 时(1.2 千米 / 时)。

"出租车"一词源于何处?

"出租车"(taxicab)这个词源于两个词——"车费指示器"(taximeter)和"轻便马车"(cabriolet)。车费指示器是威廉·布鲁恩(Wilhelm Bruhn)在 1891 年发明的自动记录行驶距离或所用时间的工具。这项发明使行车费用能够得到更精确的计算。而轻便马车则是一种由一匹马带动两个轮子运转的工具,经常用来出租。

第一批出租车是"马车车主"杜兹(Dütz)于 1896 年春天在德国的斯图加特经营的两辆奔驰-克拉夫特罗什克出租车。1897 年 5 月,弗里德里希·格雷纳(Friedrich Greiner)开始了一种竞争性的服务。格雷纳的出租车是真正意义上的出租车,因为它们是装有车费指示器的最早的出租车。

飞　行　器

"兴登堡"号飞艇爆炸的原因是什么？

尽管美国和德国政府对这起爆炸进行了调查，但事故原因至今仍是个谜。听起来最可信的解释就是结构上的失误、圣艾尔摩之火（大气中一种特殊的放电现象）、静电或蓄意破坏。继"格拉夫齐柏林"号飞艇的初步成功之后，人们希望"兴登堡"号飞艇无论是在大小、速度、安全性、舒适性还是经济性上，都能超过以往的任何一艘飞艇。它的艇身长803英尺（245米），这个长度是"玛丽女王"号远洋班轮的4/5，直径为135英尺（41米）。宽敞的飞艇后部可以乘坐72名乘客。

1935年，德国航空部最终接管了齐柏林飞艇公司，利用它来进行纳粹宣传。1936年第一次试飞后，这架飞艇受到了飞行爱好者们的欢迎。没有任何一种交通工具可以在各大洲之间如此迅速、平稳、舒适地运送乘客。1936年间，1 006位乘客乘坐"兴登堡"号飞越大西洋。然而，1937年5月6日，"兴登堡"号飞艇在新泽西州的莱克赫斯特着陆时，氮气突然爆炸，整个飞艇彻底被摧毁。97名乘客中，有62人生还。

令人惊讶的是，"兴登堡"号上97人中，有62人在激烈的碰撞后生还。

飞机的机翼是如何产生上升力的？

根据伯努利原理（Bernoulli'sprinciple），流体介质速度的增加，导致压力减小。飞机机翼的形状使空气（流体介质）流过机翼上表面的速度高于流过下表面的速度。压力差产生上升力。

什么是气垫船？

气垫船是一种由气垫支撑，可以在陆地或水面运行的交通工具。定期商务气垫船的运营于1968年在英吉利海峡两岸建立起来。

莱特兄弟发明的飞机叫什么名字？

莱特（Wright）兄弟发明的飞机的名字叫"飞行者"号，是一架由木头与织物制成的双翼飞机。最初，莱特兄弟将"飞行者"号飞机用作滑翔机。飞机两翼总长40英尺4英寸（12米）。为了进行具有历史意义的飞行，威尔伯（Wilbur）和奥维尔（Orville）完全按照自己的设计，为飞机装备了一个带有4缸12马力的汽油发动机和两个螺旋桨。1903年12月17日，在北卡罗来纳州的基蒂霍克，奥维尔躺在机翼下方中央，首次驾驶由发动机提供动力的飞机飞行。飞机在12秒的时间里飞行120英尺（37米）。当天，两兄弟又进行了3次试飞。其中威尔伯完成了最长的一次飞行——59秒内飞行了852英尺（260米）。

首次横跨大西洋直飞的人是谁？

第一次横跨大西洋，从加拿大的纽芬兰直飞爱尔兰的飞行是在1919年5月14日至15日，由两名英国驾驶员——约翰·阿尔科克上尉（Capt. John W. Alcock）和亚瑟·布朗中尉（Lt. Arthur W. Brown）完成的。这架带有两个发动机、由维克斯维米轰炸机改造成的飞机，历时16小时27分，飞越了1 890英里（3 032千米）。后来，查尔斯·林德伯格（Charles A. Lindbergh）于1927年5月20日至21日，进行了第一次单人横跨大西洋的飞行。他驾驶的是一架单发动机的"圣路易斯精神"号瑞安单翼机，翼展为46英尺（15米），弦长7英尺（2.2米）。他从纽约至巴黎共飞行3 609英里（5 089千米），历时33.5小时。第一个进行横跨大西洋单人飞行的女飞行员是阿米利亚·埃尔哈特（Amelia Earhart）。她在 1932 年 5 月 20 日至 21 日，从纽芬兰飞抵爱尔兰。

首位超音速飞行者是谁?

超音速飞行是指以大于或等于音速的速度飞行。声音在海平面温暖的空气中的传播速度是 760 英里 / 时（1 233 千米 / 时）。在约 37 000 英尺（11 278 米）的高度，它的速度仅为 660 英里 / 时（1 062 千米 / 时）。美国空军少校查尔斯·耶格尔（Major Charles E. Yeager）被认为是第一个达到音速（马赫数 1）飞行的人。1947 年，他驾驶着由约翰·斯塔克（John Stack）和劳伦斯·贝尔（Lawrence Bell）设计的贝尔 X-I 火箭探索飞行器，在 60 000 英尺（18 288 米）的高空飞行，速度达到音速的 1.45 倍。该飞行器由 B-29 轰炸机携载到 30 000 英尺（9 144 米）的高空发射。但是音障极有可能是在 1945 年 4 月 9 日，由驾驶世界上第一架军用喷气式飞机（Me262）的汉斯·圭多·穆特克（Hans Guido Mutke）突破的。另一种可能是，查尔姆斯·古德林（Charlmes Goodlin）在耶格尔飞行的 6 个月前，驾驶贝尔 X-I 突破了音障。1949 年，吉恩·梅（Gene May）以 1.03 马赫的速度飞行在 26 000 英里（7 925 米）的高空，他所驾驶的道格拉斯航天火箭（Douglas Skyrocket）是第一架速度达到 1 马赫的超音速喷气式飞机。

第一次连续的、未补充燃料的环球飞行是在什么时候?

迪克·鲁坦（Dick Rutan）和珍娜·耶格尔（Jeana Jeager）于 1986 年 12 月 14 日至 23 日，驾驶一架"旅行者"号单翼三体机飞行，并回到加利福尼亚州的爱德华兹空军基地。飞行持续了 9 天零 3 分 44 秒，飞越 24 986.7 英里（40 203.6 千米）。第一次成功的环球飞行是在 1924 年 4 月 6 日至 9 月 28 日期间，由两架道格拉斯双翼机完成的。起初，共有 4 架飞机从华盛顿的西雅图起飞，但是其中两架在中途迫降，剩下的两架则成功地在 175 天内（实际飞行时间为 371 小时 11 分钟）飞行 27 553 英里（44 333 千米）。1931 年 5 月 23 日至 7 月 1 日期间，威利·波斯特（Wiley Post）和哈罗德·加蒂（Harold Gatty）驾驶洛克希德单翼机"温妮·梅"号从纽约出发，环球飞行 1 周。

乘坐热气球环球飞行的第一个人是谁？

史蒂夫·福塞特（Steve Fossett）是第一个独自乘坐热气球环球飞行的人。2002年6月18日，他从澳大利亚西部出发，于2002年7月4日返回，历时13天23小时16分13秒。此前，福塞特曾经5次试图乘坐热气球进行环球旅行。

第一个跳伞的人是谁？

第一个从高空成功跳伞的人是法国飞行员雅克·加纳林（Jacques Garnerin）。1979年，他乘坐热气球，从3 000英尺（914米）的高度成功降落。

什么是航空电子？

航空电子是一个由"航空"和"电子"合成而来的术语，用来描述所有的电子航空通信及飞行操作仪器。军用飞机中还包括电控武器、侦查及探测系统。直到20世纪40年代，飞行系统完全靠机械、电或磁系统来操作，其中的无线电设备是最为复杂的检测仪表。雷达的出现和第二次世界大战期间空中侦察技术的巨大进步，使飞机普遍采用电子测距和导航辅助设备。在军用飞机中，这种装置提高了武器投放的准确性。装有这种仪器的商用飞机则增加了飞机操作的安全性。

飞机中的黑匣子安装在哪里？

事实上，黑匣子被喷成了橙黄色，以便在飞机残骸中更容易被发现。黑匣子是由坚硬的金属和塑料外壳制成的，里面有两个录音机。黑匣子被安放在飞机的后部——这个部分在坠机后最有可能保存下来。它有两层不锈钢外壳，中间是一种耐高温材料。黑匣子必须能够在2 000 ℉（1 100℃）高温下承受30分钟。黑匣子里有一个防爆壳，里面是飞机的飞行数据记录仪及驾驶舱内的语音记录仪。飞行数据记录仪可以通过安装在机身的探测装置，提供空速、方向、高度、飞机加速度、发动机推力及方向舵和扰流器位置等信息。这些数据以电子脉冲的形式被记录在不锈钢磁带上。这种磁带的厚度与铝箔相似。当播放磁带时，数据会由计算机打印输出。驾驶舱内的录音机可以录下坠机前30分钟飞行员的对话和无线电传输。如果飞机坠毁后录音机没有停下来，一些极为重要的信息就会丢失。

第一个用来检测飞机的全尺寸风洞是何时开始使用的?

1931 年 5 月 27 日，第一个用于飞机检测的全尺寸风洞（full-scale wind tunnel）在位于弗吉尼亚州的美国国家航空咨询委员会的兰利研究中心投入使用。目前仍在使用的风洞高 30 英尺（9 米），宽 60 英尺（18 米）。风洞用于促进空气流动，以便进行空气动力学的测量。风洞基本上由一个封闭管道构成，这个管道大到足以装进飞机或其他接受测试的飞行器。风洞内，空气在强大的风扇的带动下形成循环。

世界上最大的低速风洞是什么?

世界上最大的低速风洞是美国航空航天局艾姆斯研究中心的国家全尺寸空气动力学综合体。这个综合体包括两个测试区，其中一个为 40 英尺 ×80 英尺（12 米 ×24 米），另一个为 80 英尺 ×100 英尺（24 米 ×30 米）。后者产生的风速为 115 英里 / 时（184 千米 / 时）。

什么是机鸟相撞试验?

机鸟相撞（鸟与飞机相撞的事件）并非罕见。为了测试一些零部件，如挡风玻璃，通常会用某种设备将一只死去的小鸟（通常是鸡）以适当的速度射向挡风玻璃，这就叫机鸟相撞试验（bird shot test）。

"史普鲁斯之鹅"号飞机是谁设计的?

霍华德·休斯（Howard Hughes）设计并制造出全木质的 H-4 大力神水上飞机。"史普鲁斯之鹅"是它的昵称。在当时，该飞机的翼展是最长的，并由 8 台发动机提供动力。1947 年 11 月 2 日，它以高于水平面 33 英尺（10.6 米）的高度，在洛杉矶港航行了不到 1 英里（16.09 米），这也是该飞机唯一的一次飞行。

1941 年 12 月 7 日珍珠港遭到轰炸后，美国随即参加第二次世界大战。美国政府需要一架能利用战时非关键的材料（如木材）制成的大型运货飞机。当时，亨利·凯泽的船坞正以每天 1 艘的速度生产"自由轮"。他雇用霍华德·休斯来建造这样一架飞机。休斯最终制造出来一架重 400 000 磅（181 440 千克），翼展 320 英尺（97.5 米）的飞机。

霍华德·休斯的"史普鲁斯之鹅"号飞机——当时最大的飞机——在1947年进行首次也是唯一一次飞行。

不幸的是，该飞机过于复杂，以至于战争结束时还没有完成。1947年，休斯亲自驾驶飞机飞离地面，这也是这架飞机唯一一次离地飞行——可能仅仅为了证明如此一个庞然大物也可以飞起来。该飞机在加利福尼亚州的长滩公开展示，但在1992年，飞机卖给了一位航空爱好者戴尔夫德·史密斯（Delford Smith），并被运往俄勒冈州的麦克明维尔。现在，"史普鲁斯之鹅号"被陈列在当地的长荣航空博物馆。

什么是马赫数？

马赫数即声音在空气中的传播速度（音速）。因此，2马赫就是音速的2倍。0.5马赫即为音速的1/2。

世界上最快的飞机是什么？

世界上飞得最高、最快的飞机是北美的X-15，它达到的最大高度为354 200英尺（108千米）。X-15A-2的飞行速度达到6.72马赫（7 295千米/时）。X-15是一架由火箭驱动的飞机，通过改装的B-52轰炸机发射。该飞机于1954年设计出来，于1959年进行首次飞行。

水陆两用飞机和水上飞机有何区别？

这两种飞机最主要的区别在于水陆两用飞机配有可伸缩的轮子，使它既可以在陆地上行驶，又可以在水上运转。水上飞机只有浮筒而没有轮子，仅限于水上起飞或着陆。它的起落架不能伸缩，从空气动力学上来说，水上飞机的空气动力学效率低于水陆两用飞机。

军用交通工具

军用坦克由何得名？

第一次世界大战期间，英国在研制坦克时，把第一批装甲战斗车辆称为"水箱"（water tank），以掩饰其真正的用途。虽然早期曾试图将这种车叫作"战车"（combat car）或"突击车"（assault carriage），但是"坦克"这个代号一直保留至今。

谁发明了坦克上的库林装置？

第二次世界大战中，美国坦克指挥官柯蒂斯·库林（Curtis G. Culin）在坦克前部设计并焊接了一个横杆，横杆上有 4 个突出的金属长牙。这一装备使坦克能够击破德国人的篱防。在法国诺曼底的树篱地带，无数的灌木丛和树林包围着战场，限制了坦克的行动。库林装置（又名"犀牛"）因具有带角的齿形或长牙似的结构，可以进入篱防基地，消除障碍并将敌军掩埋。

什么是"悍马"？

美国军队最初在 1979 年研制出了高机动性多用途轮式车辆（High Mobility Multipurpose Wheeled Vehicle），或称为"悍马"（Hummve），作为 M-151 或者吉普的可能替代品。如今，军队使用 10 万多辆"悍马"汽车。这种车可以在极端天气中使用，并且能够用作军用运输车、轻型武器平台、救护车以及移动掩体。

另有一款平民化的改良车型，配有空调、隔音装置、凹背单人座位以及立体声音响设备等。一般售价约为 5 万美元。

⚓ "红色男爵"是谁?

曼弗雷德·冯·里希特霍芬(Manfred von Richthofen)是第一次世界大战时期的一名德国战斗机飞行员。他驾驶的是一架大红色的战斗机,因此协约国给他起了个外号叫"红色男爵"。他以击中 80 架协约国飞机而成为第一次世界大战中的首席王牌飞行员,但是被双方确认的只有 60 架。至于其他的飞机究竟是被谁击中的,存在较大争议,也可能是由里希特霍芬和他所在的皇家空军中队"飞行马戏团"(因飞机都涂着鲜艳的颜色而得名)共同击落。里希特霍芬死于 1918 年 4 月 21 日,他在法国的上空遭到加拿大飞行员罗伊·布朗(Roy Brown)和澳大利亚陆地机枪手们的袭击。双方都声称对他的死因负有责任。

什么是索普威斯"骆驼",为何如此命名?

第一次世界大战中最成功的英国战斗机索普威斯"骆驼"(Sopwith Camel)是带有涡轮喷气式发动机的早期索普威斯"幼崽"(Sopwith Pup)的改进型,配有一个比它大得多的转缸式发动机。"骆驼"得名于它的两部如驼峰般凸起的同步机枪。据说,极为灵巧的"骆驼"摧毁了 1 294 架敌机。有证据显示,在 1918 年引进福克 D.VII 之前,索普威斯"骆驼"是远远优于所有德国机型的近距离战斗机。索普威斯飞机制造公司共制造了 5 490 架"骆驼"。它的最快飞行速度可以达到 118 英里/小时(189 千米/小时),能飞 24 000 英尺(7 300 米)高。

⚓ B-17 "空中堡垒"是何时引进的?

1935 年 7 月 28 日,"堡垒"原型机第一次试飞。第一架 YIB-17 于 1937 年 3 月交付空军使用。随后,1939 年 1 月,一架配有靠涡轮提高功率的发动机的 YIB-17A 实验机也交付给空军。代号为 B-17B 的这种机型又被订购了 39 架。除了爆破功能外,B-17 也被用于很多实验任务中,包括作为美国空军指挥的导弹项目以及雷达和无线电控制实验的发射平台等。由于 B-17 是第二次世界大战时防御性能最好的轰炸机,因此被称为"空中堡垒"。B-17 总共装置了 13 挺口径为 50 的勃朗宁 M-2 机枪,每部机枪装有

700 磅（317.5 千克）的装甲弹药。具有讽刺意义的是，该战机的所有防御武器和人员的重量严重限制了可用于携带炸弹的空间。

"飞虎"是谁？

"飞虎"指 1941 年初克莱尔·李·陈纳德少将（Claire Lee Chennault）征召的美国志愿队（AVG）成员，并曾经以雇佣兵身份在中国服役。约 90 名美国飞行员老兵以及 150 名支援人员在第二次世界大战期间的 1941 年 12 月至 1942 年 6 月服役，他们所驾驶的飞机是 P-40 战鹰。这种飞机的机首绘有虎口样的图案，因此得名"飞虎"。

为什么"米格"被选作第二次世界大战中的苏联战斗机？

"米格"（MiG）一词取自苏联两位著名飞机设计师——阿特姆·伊·米格扬（Artem I. Mikoyan）和米哈伊尔·伊·古列维奇（Mikhail I. Gurevich）姓氏的首字母"MiG"，有时也称作"米格扬-古列维奇·米格"（Mikoyan-Gurevich MiG）。1940 年，该机型刚出现时，最高速度可达到 400 英里／小时（644 千米／小时）。有活塞发动机的 MiG-3 战斗机是第二次世界大战中少数几种可以与西方战机相媲美的苏联战斗机之一。1947 年 12 月，由苏联版劳斯莱斯涡轮喷气式发动机提供动力的最著名的战机之一的 MiG-15 首次飞行。这架杰出的战机在朝鲜战争（1950—1953 年）中发挥了重大作用。1955 年，MiG-19 成为第一架在平行飞行中达到超音速的苏联战斗机。

携带第一颗原子弹的飞机叫什么名字？

第二次世界大战期间，"埃诺拉·盖伊"号——一架改良的波音 B-29 轰炸机，于 1945 年 8 月 6 日上午 8 时 15 分，在日本广岛投下了第一颗原子弹。这架飞机是由来自佛罗里达州迈阿密的保罗·蒂贝茨二世上校（Col. Paul W. Tibbets Jr.）驾驶的。投弹手是来自北卡罗来纳州莫克斯维尔的托马斯·费尔比少校（Maj. Thomas W. Ferebee）。当时，炸弹设计师威廉姆斯·帕森斯上尉（Capt. Williams Parsons）作为一名观战者也在战机上。

3 天后，另一架名为"博克斯卡"的 B-29 轰炸机向日本长崎投下第二颗原子弹。8 月 15 日，日本无条件投降。

1995—1998 年，"埃诺拉·盖伊"号飞机在华盛顿史密森学会的国家航空航天博物馆展出。后来，它成为了国家航空航天博物馆的史蒂芬·乌德沃尔-哈齐中心的永久展品。

"博克斯卡号"在俄亥俄州代顿市的赖特-帕特森空军基地的美国空军博物馆展出。

第一架使用隐形技术的飞机是什么？

F-117A"夜莺"号最早部署于 1982 年。隐形技术的目的就在于使飞机避开雷达的侦查。共有两种方法可以达到这种效果：一种是将飞机制造成某种特定的形状，从而使它反射回去的信号能躲过雷达探测器。另一种方法是使用某种吸收雷达信号的材料覆盖飞机。隐形飞机具有绝对平滑的表面和极其陡峭的边缘，可以反射雷达信号，另外它还可以吸收雷达能量。

最小的侦察机是什么？

迷你无人飞机是最小的侦察机，其重量不足 3 盎司（100 克），大小不过 6 英寸（15.25 厘米），小得足以放在手掌上。这些微型工具在低空中飞行，并装有摄像机和即时视讯发射机。

第5章
通信

符号、书写和代码

纸莎草何时被用于书写?

纸莎草是一种生长在沼泽和死水中的植物。古时候,它生长在尼罗河河谷和三角洲及幼发拉底河沿岸,在文明形成时期被用于书写,但是究竟何时开始使用却不太清楚。在埃及第一王朝(约公元前3100年)的一个墓里,发现了尚未使用过的一卷纸莎草纸。在整个罗马帝国时期,纸莎草纸是一种主要的书写材料,但在3世纪时,纸莎草纸被更便宜的羊皮纸取代。

造纸过程中的何种变化造成了历史文献缺失?

20世纪生产的商业纤维素纸大多数是酸性的。酸使纸变脆,最终仅仅因为轻微的使用,纸就会碎裂。问题源于现代纸的两个特点:纸的生产过程导致纤维素纤维非常短,而且生产中加入了酸性物质(或未通过净化而除去)。酸在潮湿情况下能分解纤维素。酸的水解作用不断地将纤维链分解成更小的片断。这个反应本身产生了酸,从而又加速了纤维素的分解。具有讽刺意味的是,越旧的纸越耐用。19世纪中期用棉和亚麻造纸。这些早期的纸有很长的纤维,这正是它们可以长久保存的关键。现在的新闻纸未经提纯,纤维非常短,是最不耐用的纸。仅仅几个月的时间,报纸就会褪色变黄。

酸性的纸也可以碱化。例如,可以将书籍在碱性溶液中浸泡一下,或者将碱性溶液喷洒在书上。然而，碱化过程不会恢复已经变脆的书籍。一旦纸纤维被破坏，就无法逆转了。因为纸在短短 50 年内就会碎掉，所以很多旧的手稿面临着毁灭的危险。

最经久耐用的现代纸是碱性的，在造纸时加入白垩来中和酸。书本的扉页标着无穷大符号（∞）的书籍通常表明，此书用纸是能够达到美国国家标准对印刷图书资料纸张的永久性要求的特制纸。

什么是标准语音字母表？

英语的标准语音字母如下：

字 母	语音对照	字 母	语音对照
A	Alpha	N	November
B	Bravo	O	Oscar
C	Charlie	P	Papa
D	Delta	Q	Quebec
E	Echo	R	Romeo
F	Foxtrot	S	Sierra
G	Golf	T	Tango
H	Hotel	U	Uniform
I	India	V	Victor
J	Juliett	W	Whiskey
K	Kilo	X	X-ray
L	Lima	Y	Yankee
M	Mike	Z	Zulu

除了马之外还有哪些动物被用来传送邮件？

在整个 19 世纪，德国的一些城镇都使用牛拉四轮邮车。在美国的得克萨斯州、新墨西哥州和亚利桑那州，则使用骆驼。而俄罗斯和斯堪的纳维亚用驯鹿拉邮递雪橇。比利时城市列日甚至试过用猫来传送邮件，但事实证明，猫是靠不住的。

什么是角书?

15—18世纪，在英国和美国的教室里，刚开始上学的学生使用的初级读本是一个有把手的平板。这种初级读本被称为角书。板上贴着一张纸，通常包含字母表、感恩祷告、祈祷书以及罗马数字等。一张又薄又平的透明角片覆盖住整个板，以保护下面的纸，因为纸在那时稀缺且昂贵。早在1442年，人们就开始使用角书。到16世纪初，角书成为英国学校的标准课本。直到大约1800年，当书籍价格下降时，角书才停止使用。

谁发明了盲人字母表?

盲人用来读写的"布莱叶"（Braille）体系由一套凸起的点式字符组成。这些点对应于字母表中的字母、标点符号和常用字，如"and"和"the"。路易斯·布莱叶（Louis Braille）3岁失明，在进入巴黎的盲人学校学习后不久，便开始研制一种盲人用的实用字母表。他以一种叫作"夜间书写"（night-writing）的交流方式进行实验，法国军队曾用这种方法书写夜间战场上使用的信函。在陆军军官查尔斯·巴尔比耶（Charles Barbier）的帮助下，布莱叶将12个点的方阵形式简化到6个点的方阵形式，设计出一套由63个字符组成的代码。这个体系在最初的几年中没有得到广泛的使用，甚至布莱叶曾就读的巴黎学校也是在他死后两年，即1854年，才开始采用。1916年，美国批准了路易斯·布莱叶首创的凸起圆点体系。1932年，一种叫作"标准英语布莱叶二级"的修正版在所有英语国家中被采用。修订版把由一个个字母组成的代码变为常用的字母组合，如"ow""ing"和"ment"，从而使读写变得更快。

在布莱叶的体系发明之前，供盲人使用的少数有效的几个字母表之一是由另一个法国人瓦朗坦·阿维（Valentin Haüy）发明的，他是第一个在纸上做浮雕帮助盲人阅读的人。阿维的浮雕字母实际上是钻孔的字母表，模仿者立即开始仿效并改进了他的体系。另一套由9个基本字符组成一个方阵的逐个字母体系由威廉·莫恩博士（Dr. William Moon）在1847年发明，但它的应用没有布莱叶体系广泛。

什么是莫尔斯电码?

任何电子通信系统的成功在于它的电码翻译，因为只有一系列电脉冲可以从电子通信系统的一端传送到另一端。脉冲必须被"翻译"成单词、数字等，这个问题制约着早期电报技术的发展。画家出身的美国科学家塞缪尔·莫尔斯（Samuel F. B. Morse）在阿尔弗雷德·威尔（Alfred Vail）的帮助下，于1835年发明了一种电码，由不同的点（短）和划（长）的组合来表示字母、数字和标点符号。电报使用电磁体———种在激活时变得有磁性并连续敲击金属触点的装置，一系列短的电脉冲反复生成和断开磁性，这样就敲打出了信息。

1837年获得电码的专利后，莫尔斯和威尔在1844年5月24日建立了通信公司。第一条远程电报信息由华盛顿市的莫尔斯发送给马里兰州巴尔的摩的威尔。同一年，莫尔斯获得了电报的专利权。莫尔斯从来没有承认过未获专利的约瑟夫·亨利（Joseph Henry）在电报方面所作的贡献。约瑟夫·亨利于1829年发明了第一台电动机和工作电磁体，并于1831年发明了电报。

国际莫尔斯电码（如下所示）用声音和闪烁的光发送信息。点是非常短的声音或闪光，划相当于三个点，声音和闪光之间的停顿相当于一个点。字母之间的间隙用一划表示，单词之间的间隙用两划表示。

A.-	J.---	S...
B-...	K-.-	T-
C-.-.	L.-..	U..-
D-..	M--	V...-
E.	N-.	W.--
F..-.	O---	X-.-
G--.	P.--.	Y-.--
H....	Q--.-	Z--..
I..	R.-.	
1.----	6-....	句号 .-.-.-
2..---	7--...	逗号—..—
3...--	8---..	
4....-	9----.	
5.....	0-----	

塞缪尔·莫尔斯发明了莫尔斯电码。

美国信息交换标准码是如何工作的？

美国信息交换标准码（ASCII）是美国信息交换标准代码（American Standard Code for Information Interchange）的首字母缩写。ASCII 码是一种编码系统，用 7 位二进制数组的 128 种不同组合来形成常用的键盘字符，包括大小写符号 A ~ Z，数字符号 0 ~ 9 和特殊符号，如"！""@""＃"等。ASCII 码指定每个字符为 0 ~ 127 间的一个数。这些字符以垂直（00、10、20，直到 70）和水平（00、01、02 到 09，0A、0B、0C 到 0F）的方式用图表示出来。每个字符都先纵向垂直排列，横向行紧随其后。如 John（约翰）这个名字的编码如下：

J=4A

o=70

h=68

n=6E

ASCII 码发明于 1963 年，美国政府和美国国家标准学会（ANSI）等官方机构在 1968 年正式采用了 ASCII 码。ASCII 码对大多数非英语语言以及复杂的计算机应用并不适用，因为它仅限于 128 种不同字符的组合。

第二次世界大战中的"谜"和"紫色"分别代表什么？

"谜"（Enigma）和"紫色"（Purple）分别指德国人和日本人的电动转子密码机。纳粹使用的 Enigma 密码机发明于 20 世纪 20 年代，是历史上最著名的密码机。波兰和英国对德国 Enigma 密码机的破译是历史上密码破译最成功的例子之一。第二次世界大战期间，密码机在盟国的行动中发挥了重大作用。

1939 年，日本人引进了由 Enigma 改进的一种新式密码机，美国密码破译人员将其命名为 Purple。新机器使用的是电话触动转换器而不是转子。美国密码破译人员也能够破译这种新的系统。

加密法是一种发送信息的技术，其真正的含义只有发送者和接收者清楚，其他人无从知晓。它通常采用两种方式：编码和密文。编码就如同一本字典，所有的单词和词组都被编码词或数字取代。编码簿用来阅读编码。密文使用的是单独的字母而非完整的词或词组。密文可分为两种：换位和替代。在换位密文中，普通信息的字母（或简易文本）被混在一起，组成密文文本。在替代密文中，普通的字母被其他字母、数字或符号替代。

"Etaoin Shrdlu" 指的是什么？

这一连串字母"Etaoin Shrdlu"在许多年前时不时地出现在报纸上，使得一些人断定，这些字母是某个神秘人物的名字。其实，它出现的原因并不神秘，"Etaoin Shrdlu"是指用手指按下莱诺排铸机键盘前两行所产生的字母组。莱诺排铸机是奥特马尔·莫根特勒（Ottmar Mergenthaler）于 1886 年发明的打印装置的商标名称。莱诺排铸机这个名字最早出现在《纽约论坛》（*New York Tribune*）上。操作员输入完成一行文本后，就用烧熔的铅进行排版。"Etaoin Shrdlu"被用作临时标记的铅字条，或标示排版上有错误，需要重排。因为这串字很容易在键盘上操作，所以得到操作员的青睐。有时这个序列会因疏忽而与正式文本一同印出来。莱诺排字机在报纸和工业上应用广泛（甚至用于第一次世界大战的战场上）。但 1960 年之后，莱诺排字机排字法被照相排版法所取代，"Etaoin Shrdlu"字符串也随之从印刷业中消失了，只是偶尔作为名字出现在小说、喜剧短片或是科学书籍中。

第二次世界大战中的哪种密码未被破译？

敌人从未破译过纳瓦霍电密码。第二次世界大战初期，美国海军陆战队的 29 个纳瓦霍族成员来到美国港口城市圣地亚哥，研制了一种以他们的母语为基础的密码。密码由 3 部分组成：纳瓦霍语、它的译语和它的军事含义。例如，纳瓦霍单词"ha-ih-des-ee"译成"watchful"（警惕的），军事意义为警戒状态。到了战争后期，原先的 29 个纳瓦霍族成员增加到 400 多个，电码本也从原来的 274 个字增加到 508 个字，这些密码破译家成为电影《风语者》（*Windtalkers*）的主题。

什么是 10-代码？

几乎所有应用无线电传播的机构都有各自不同的代码。下面是由国际公共安全通信官员协会（APSCO）给出的代码：

10-1	不能理解你的信息
10-2	你的信号良好

10-3	停止传送
10-4	信息收到（"好的"）
10-5	将信息转发到____
10-6	转播站正忙
10-7	暂停服务
10-8	使用中
10-9	重复上一条信息
10-10	否定（"不"）
10-11	____在使用中
10-12	做好准备
10-13	报告____情况
10-14	信息
10-15	信息已送达
10-16	回复信息
10-17	在途中
10-18	紧急的
10-19	联系____
10-20	单位位置
10-21	电话呼叫____
10-22	取消上一条信息
10-23	到达现场
10-24	任务完成
10-25	与____会面
10-26	估计到达时间是____
10-27	出示证件
10-28	出示车辆注册信息
10-29	检查记录
10-30	使用警告
10-31	加速

10-32	请求支援
10-33	紧急情况！需要帮助
10-34	精确时间

回文平方数如何被用作秘密代码？

回文指一连串的书写符号（单词、字母或它们的组合），从左往右读和从右往左读都一样。例如，一个女孩的名字 Hannah，年份 2002。"重现"回文是从左向右读和从右向左读时产生不同的意义，如单词"trap"（陷阱）和"star"（星星）。回文平方数是形成正方形的一连串复杂的字母序列，无论是从左向右，还是从上向下，各种读法的意思都一样。一些历史学家认为，写在英格兰罗马墙上的复杂而精细的正方形是一个早期基督徒逃避迫害时留下的秘密信息：

```
S A T O R
A R E P O
T E N E T
O P E R A
R O T A S
```

商品通用条码有何含义？

商品通用条码（UPC），即条形码，是一种供计算机扫描器或收银机读取的产品描述码。显示的条形码包括 11 个由数码"0"（黑色条）和"1"（白色条）组成的一组数字。一个条码可能很窄，两条或者更多条并列排列的条码就比较宽。

条码的第一个数字描述产品的类型，但不直接显示在条形码中。大多数产品以"0"开始，但也有例外。例如，肉和蔬菜等以重量为单位的产品以"2"开头，卫生保健品以"3"开头，大批量折扣商品以"4"开头，票据以"5"开头。由于"1"有可能被误读为条码，所以不被采用。

接下来的 5 个数字描述产品的生产商。再后面的 5 个数字是对产品本身的描述，包括产品的颜色、重量、尺寸和其他特征。条码不包括商品的价格。条码扫描器读取条码标记后，将所得信息输入计算机数据库。计算机根据价目单核对后，再将价格反馈给收银机。

最后一个数字是核对数字，用以告诉扫描器其他的数字是否有误，前面的数字以特定的方式相加、相乘和相减后，应等于这个数字，否则就意味着某处存在错误。

什么是国际标准书号？

ISBN，即国际标准书号，是书籍产品的定购和识别代码。它用独一无二的数字来识别图书和其他出版物。这个数字串的前1~3位数字指的是图书的出版国家或地区，接下来的2~5位数字，代表具体的出版社或出版集团，随后的1~6位数字，代表具体的出版物。最后一个数字是"核准数字"，它通过数学方式，确保前面数字输入正确。

收音机和电视机

谁发明了无线电？

意大利博洛尼亚的古列尔莫·马可尼（Guglielmo Marconi）是第一个证明无线电信号能够远距离传送的人。无线电通信是通过在空间中以电磁波的形式传播信号，并通过辐射和检测这些信号来传递信息的。无线电最初被叫作无线电报，因为它可以不用电线而具有和电报同样的作用。1901年12月12日，马可尼成功地将莫尔斯电码从纽芬兰岛发送到英国。

1906年，美国发明家李·德福雷斯特（Lee de Forest）发明了所谓的"三极真空管"装置，为无线电放大真空管奠定了基础。这种装置使语音广播成为现实，因为它能够放大弱信号而不失真。第二年，李·德福雷斯特开始在纽约曼哈顿进行定期的无线电广播。那时没有家用无线电接收机，因此纽约港口的轮船上的无线电操作员成了李·德福雷斯特的唯一听众。

第一个无线电广播站是哪个？

第一个无线电广播站的认证存在争议，因为一些从实验操作中发展而来的调幅广播站在有关机构正式批准运行之前就开始工作了。根据监管无线电的商务部的记录，1921年9月15日，马萨诸塞州斯普林菲尔德的WBZ电台获得了第一个正式

▎无线电的发明者、参议员古列尔莫·马可尼。

无线电广播许可证。然而，人们公认的第一个无线电广播站却是匹兹堡的西屋公司 KDKA 电台，因为它在 1920 年 11 月 2 日播送了哈丁-考克斯（Harding-Cox）总统大选情况。和大部分其他早期的无线电传送不同的是，KDKA 采用电子管技术生成传播信号，因而形成了所谓的高级广播品质。KDKA 是第一个由公司赞助的无线电台，也是第一个有明确商业目的的无线电台——它既不是一种兴趣爱好，也不是宣传噱头，而是第一个具有获得批准的非业余波段频率的无线电广播站，是现代广播的直接前身。

为什么以"K"或"W"开头的呼叫信号被用来给无线电台命名？

这些呼叫信号的命名与地理位置有关。大多数无线电广播站位于密西西比河东岸，它们的呼叫信号以字母"W"开头。如果电台位于密西西比河西岸，那么第一个呼叫字母是"K"。不过这条规则也有例外，在此规则生效之前成立的电台仍沿用原有的字母。例如，匹兹堡的 KDKA 保留了第一个字母"K"。同样地，西部一些先期创建的电台保留了字母"W"。因为许多获准经营调幅电台的公司也经营调频电台和电视台，一个最常见的做法是在呼叫信号 AM 后面加上"-FM"或者"-TV"。

为什么调频广播电台的广播范围有限？

通常情况下，高于 50～60 兆赫的无线电波无法被地球的电离层反射，而是消散在太空中。因此，电视、调频广播和高频通信系统仅限制于大约视线范围内的距离。视线距离取决于地形和天线的高度，但通常限定在 50～100 英里（80～161 千米）的范围内。调频无线电使用的波段比调幅无线电使用的波段更宽，从而使广播的保真度更高。这种效果在音乐中尤为显著——高频率音符更清晰，基调共鸣更丰富，且几乎没有静电噪声和失真现象。1933 年，爱德温·霍华德·阿姆斯特朗（Edwin Howard Armstrong）发明了调频接收器。1939 年，该调频接收器得到广泛的应用。

为什么调幅电台在夜间播音范围更广？

这种变化是由地球电离层的本质特点造成的。电离层位于大气层上部，由若干层不同的稀薄气体组成，这些气体通过太阳辐射对大气原子的轰击、太阳发射的电子和质子，以及宇宙射线的轰击而变得具有导电性。这些层有时被叫作肯内利-亥维赛层，能反射调幅无线电信号，使调幅无线电广播能够被远离发射天线的无线电接收。夜晚来临时，电离层部分消散，成为短波调幅无线电波的最佳反射器，这就使远距离的调幅电台能够在夜间听得更清楚。

航天飞机和地面控制设备之间的无线电传输能被短波收音机接收到吗？

在马里兰州格林贝尔特的戈达德航天飞行中心，业余无线电操作员用短波频率发送了航天飞机与地面之间的对话。这些重新传输的对话可以在世界各地自由收听。要想收听宇航员和地面控制者在飞机起飞、飞行及着陆时的谈话内容，能够接收单频信号的短

发明调频接收器的爱德温·霍华德·阿姆斯特朗。

波收音机必须调到 3.860、7.185 和 21.395 兆赫的频率。英国凯特林男子中学的物理教师杰弗里·佩里（Geoffrey Perry）曾经教授他的学生，如何通过俄国轨道卫星来获得遥感勘测信息。从 20 世纪 60 年代起，佩里的学生一直用一个简单的出租车收音机来监测俄国的空间信号，并利用这些数据来计算宇宙飞船的位置和轨道。

谁是电视的创始人？

许多年来，有多个人提出了电视这个想法（19 世纪 80 年代被叫作"电力视觉"）。也有多个人对电视部件的发明作出了大量贡献。例如，在 1897 年，菲迪南德·布劳恩（Ferdinand Braun）发明了最早的阴极射线示波器，这是所有电视接收器的基本组成部分。1907 年，鲍里斯·罗辛（Boris Rosing）建议用布劳恩的阴极射线管（显像管）来接收影像。第二年，阿兰·坎贝尔·斯温顿（Alan Campbell Swinton）提出了类似的建议。然而，被称作"电视之父"的却是一个出生在俄国的美国人，叫弗拉基米尔·K. 兹沃雷金（Vladimir K. Zworykin）。兹沃雷金曾是罗辛的学生。他创造了一种可以扩大电子束的实用方法，从而使亮/暗模式产生更清晰的图像。1923 年，他获得光电摄像管（后来成为电视摄像机）的专利。1924 年，他获得描计器（电视机显像管）的专利。两项发明都依靠电子流进行扫描和在荧光屏上创造影像。截至 1938 年，加入了新的、更为敏感的光电管后，兹沃雷金展示了他的第一个实用模型。

另一位电视之父是美国人斐洛 T. 法恩斯沃思（Philo T. Farnsworth），他是第一个提出用电子方式传送图片的人。1922 年，他提出装置的基本设计，并和他的高中老师一起进行了探讨。他的设想比兹沃雷金的设想早一年，同时也在解决法恩斯沃思和美国无线电公司之间的专利纠纷中起到关键作用。法恩斯沃思最终授权企业生产电视机，让其他人改进并发展了他的基本创意。

在整个 20 世纪早期，人们继续致力于不同的改进电视的方法。最著名

斐洛·法恩斯沃思在电视的发展中起到了重要作用。

的人物是约翰·洛吉·贝尔德（John Logie Baiird）。1936 年，他用机械化扫描装置传输了第一张可识别的人脸图片。然而，设计上的局限性使图片质量无法得到进一步提高。

降雨对电视接收卫星信号有何影响？

引入的微波信号易被雨水和湿气吸收，严重的暴风雨可使信号降低 10 分贝。如果电视设备不能妥善处理这种信号的减弱，图像有可能出现短暂的消失。即使是中度的降雨也能使信号减弱，致使一些接收器产生噪声。另一个和雨相关的问题是，雨水固有的噪声温度使噪声变得更大。处于绝对零度（0 K，−459 °F 或−273℃）以上的任何物体都有其固有的噪声温度。物体自身的分子（热）运动产生波包，当波包被释放时，固有噪声温度就产生了。这些波包的频率范围很广，其中有一些波包的频率符合卫星的接收要求。温暖的地球有着较高的噪声温度，雨水也随之有了较高的噪声温度。

收听电视广播的碟形卫星天线是如何命名的？

"地球卫星站"这个术语指用来完成整个卫星接收或转播的工作电台，包括天线、电子器件和所有相关的接收和转播卫星信号的必要装置。地球卫星站形式多样，从个人消费者可以购买的简单、便宜、单向接收的地面通信站，到提供商业访问卫星容量的复杂双向信息通信站。信号通过天线接收，并汇聚到喇叭天线和低噪声扬声器上。这些信号被光缆重新传送到降频转换器后，进入卫星接收器／调制器。

在 20 世纪 70 年代后期，卫星电视得到广泛应用。装有碟形卫星天线的有线电视台接收信号，通过同轴电缆传送给用户。泰勒·霍华德（Taylor Howard）于 1976 年设计了第一台个人使用的碟形卫星天线设备。1984 年，有 50 万台设备。21 世纪初，在全世界范围内已经增加到 370 万台。

平面显示器和传统显示器有什么不同？

二者的不同之处在于，平面显示器不用阴极射线管。阴极射线管显示器已遍布全世界，它通过电子射线轰击荧光屏工作。电子照射屏幕上的荧光体，使之变成红色、绿色和蓝色，从而生成图像。相反，平面显示器利用电极板、晶体或乙烯基聚合物的网格来产生小点，构成图像。平面显示器并不是一个新概念，早在几十年前，LCD（液晶显示器）手表和计算器就已经使用以晶体为基础的平面显示器了。笔记本电脑所用的平面显示器是等离子显示器（PDP）。有的等离子显示器很宽，达 1 米以上，却只有几厘米厚。PDP 显示屏由 3 种基本颜色的图像元素组成，来自后面网格的电极产生电荷，生成紫外线。这些射线照亮各种图像元素，形成图像。

什么是高清电视？

电视图像显示的效果受到组成图像的线条数量及每条线上图像元素数量的限制。图像元素的数量在很大程度上取决于电子光束的宽度。为了获得近似 35 毫米摄影的高品质图像，HDTV（高清晰度电视）采用比原有电视系统多 1 倍的扫描线及更小的图像元素。21 世纪初，美国和日本的电视有 525 条扫描线，欧洲的有 625 条。1968 年，日本广播公司 NHK 开始研究高清电视，日本人通常被认为是高清晰度电视的先驱。事实上，真正的创始者是 RCA（美国无线电公司）的奥托·斯卡德（Otto Schade）。他在第二次世界大战末期就开始进行此项研究。斯卡德领先于他的时代。数十年后，电视接收管和其他元件才充分利用他的研究。

在获得美国联邦通信委员会（FCC）及其他国家管理委员会的技术标准认可后，高清电视开始应用于商业广播。然而，更为迫切的是技术问题——高清电视需要传送的数据是原有电视频道的 5 倍。解决这一问题的方法之一是信号压缩，将高清电视要求的 30 兆赫带宽压缩到原有电视广播应用的 6 兆赫带宽。日本人和欧洲人探究了应用波形传输的模拟系统，而美国人则在数字传播系统的基础上，发展自己的高清电视。1994 年，詹尼斯（Zenith）公司研发的数字信号转播系统应用后，电视业才将这个障碍清除。

现在，高清电视节目和电视机装置都已经广泛使用，使公众能够欣赏高清晰电视。

水下潜水艇如何进行通信？

工作中的潜水艇遇到特殊情况时，根据探测情况的重要程度，可以使用从甚高频到极低频的频率，通过无线电进行通信。当潜水艇执行重要的探测任务时（如在战争中），很少发送远程无线电高频信号进行传输。潜艇与合作飞机、水面舰艇、卫星或海岸的超高频（SHF）、特高频（UHF）或者甚高频（VAF）建立的双向链路相对安全，且数据传输速率高。不过，这些链路都要求潜水艇配有水上天线或者水面浮标。

电信、记录、互联网及其他

美国第一颗商业通信卫星是何时投入使用的?

1960 年，美国第一颗通信卫星"回声 1 号"发射成功。两年后，即 1962 年 7 月 10 日，第一颗商业赞助的人造卫星"通信卫星 1 号"（由美国电话电报公司投资）发射进入近地轨道。这也是第一颗真正的通信卫星，不仅能转播数据和声音，还能转播电视节目。从美国传输到英国的第一次转播，播出了美国国旗在微风中迎风招展的画面。第一颗商业运营（其运作方式类似于商业公司）卫星"晨鸟号"有 240 条电话线路，于 1965 年 6 月 10 日投入使用。它也是第一颗为国际通信卫星组织（Intelsat）发射的卫星，目前仍在使用中。这个系统归成员国所有，各成员国依据各国享有的年通信量，来承担卫星的运转费用。

传真机是如何工作的?

传真机可以通过电话线将图表和文本信息传从一个地点传输到另一个地点。传真机利用数字或模拟扫描仪，将黑白图像转化为电信号，这些电信号通过电话线传送到指定的接收器。接收器将接收到的信号转化回原来的图像资料并将其打印出来。从广义上讲，传真机终端只不过是一台用来传送、接收图表影像的复印机。

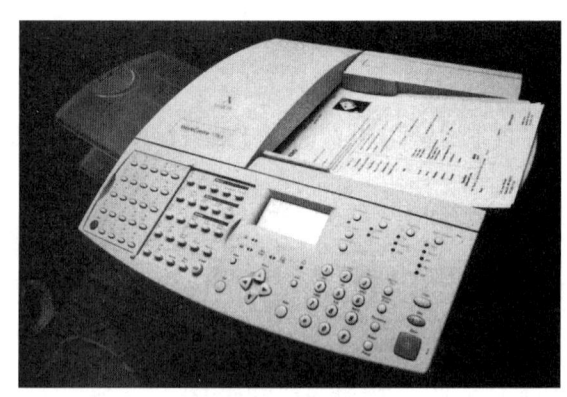

传真机通过电话线进行异地信息传输。

1842 年，苏格兰的亚历山大·贝恩（Alexander Bein）发明了传真机。他的原始装置和 1848 年弗雷德里克·贝克维尔（Frederick Bakewell）发明的扫描系统一起演化为现代传真机的几种版本。1924 年，传真机首次用电话线将照片从克利夫兰传送到纽约，这对新闻事业的发展很有裨益。

传真机和录音电话能用同一条电话线工作吗?

大多数传真机都有一个接口。通过接口，传真机可以和录音电话一起工作。在没有人接听的情况下，传真机"接听"打进来的电话，并将之发送到录音电话。当信息被录音时，传真机会等待电话机的工作指令。如果听到指令，就会把传真发出去。否则，录音电话会继续正常工作。配备内置录音电话的传真机则不需要这种接口。

光纤电缆是如何进行工作的？

光纤电缆由许多非常细的镀膜玻璃或塑料纤维构成。镀膜的玻璃和塑料纤维通过"包层"过程传输光，该过程通过采用低折射率的原料，来实现光的全内反射。一旦光进入纤维层，内部的包层可以避免光束以"之"字形进入玻璃核，从而避免光的损失。玻璃纤维通过将光导入没有明显弯曲的内部，来实现信息或图像的传播。传播距离从短到长不等，最长可达 1.3 万英里（20 917 米）。光波的模式形成了携带信息的代码。光束在接收端再转成电流并被解码。光导纤维的用途包括电信、医用光纤观测仪，如观察内部器官的内窥镜和纤维镜，飞行器或航天器上的光纤信息装置，以及汽车照明系统的光纤连接系统等。

光纤电缆带宽更大，能够比金属电缆携带更多的数据。光纤电缆建立在光束的基础上，传播不受噪声的影响，在消失前也可传播更远的距离。光纤电缆比金属电缆更细。光纤电缆采用数字代码，而不是用金属电缆所用的模拟信号传输数据。计算机数字化后，与光导纤维有着天然的共生关系。光纤电缆最主要的弊端是成本，它比过去的金属电缆昂贵得多。

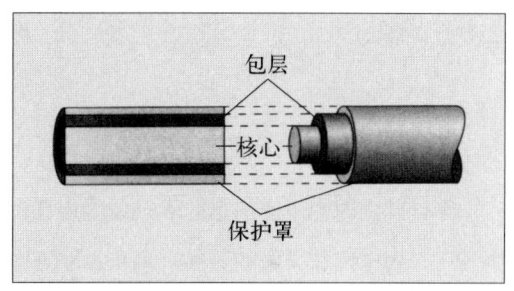

光纤电缆的横截面。

什么是"克拉克带"？

1945 年，著名的科学家、科幻小说家亚瑟·克拉克（Arthur C. Clarke）预言，在正对着地球赤道上方 22 248 英里（35 803 千米）的高度，人造地球卫星以与地球同样的旋转速度绕着地球运行。结果，在地球表面的任意一点上观看到的人造卫星都是静止的。这个赤道带就像土星环一样，被亲切地称为"克拉克带"。

"模拟"和"数字"的区别是什么？

"模拟"（analog）这个词源于"相似物"（analogous），意指一些和其他事物相似的事物。一座高山的图片是对这座山的再现。如果照片用的是传统的彩色胶片，它就叫作模拟图画，它的特征是在纸上表现为不同的颜色和不同的颜色范围。然而，如果摄影师用数码摄像机拍照，图像就是数字的：它作为一系列数字存储在照相机的存储器中。数字图像的颜色是离散的。在通信系统和计算机中，模拟由一系列连续变量表征。与此不同的是，数字的特点是几个瞬间的测量数据的集合。因此，数字表示更加精确。通常的模拟媒介包括唱片（音乐）、盒式磁带录像机和 VCR 录像带（电影）。数字媒介包括光盘、只读存储器和 DVD 电影。

什么是虚拟现实？

　　虚拟现实将最尖端的成像和计算机技术结合在一起，使用户体验到身临其境的感觉。虚拟现实融入了几种不同的技术，包括计算机图形学、显示技术、传感器技术、输入设备、交互技术、系统集成技术等。

手机类型是如何演变的？

　　第一部同时也是最古老的手机是固定在汽车上的，并以汽车的电池为能源。此外，还需要一个置于汽车外面的天线。后来，发展出了可移动的或可携带的手机。它们实质上都是自备电池的移动电话，持有者可以把它们从车上拆下来，装在包里携带着。可是，这类手机大部分重约 5 磅（2.25 千克），在携带方面并不实用。因此，便携式移动电话就出现了。它的外形和无线电话机相似。便携机通常不到 1 磅（0.45 千克）重，功能多种多样。尽管大家都知道，手机可导致健康问题或分散司机的注意力，但手机比以往任何时候都流行。2000 年，就有大约 1 亿美国人在日常生活中使用手机。随着技术的不断进步，手机开始走向小型化和多样化。彩屏手机全面取代黑白屏幕手机，成为市场主流。此外，手机开始整合更多的功能，如 MP3 播放器、相机等，成为一个多功能的移动设备。智能手机和触屏技术彻底改变了手机的操作方式。如今，手机已成为人们日常生活、工作和娱乐的主要设备。

什么是杜比降噪系统？

　　磁带的磁作用会产生背景噪声，这是磁带放音的一个缺点。杜比降噪系统以其发明者 R. M. 杜比（R. M. Dolby）的名字命名，被广泛地用于处理磁作用产生的噪声。在电流通过时，电路在信号到达磁头前自动增强信号，淹没噪声。播放时，信号降到正常水平，噪声也同时减小，直至消失。

什么是数字音频磁带？

数字音频磁带（DAT）是磁录音的概念，以二进制代码为基础，给每种声音一个数值。在播放过程中，数值重新组合，重组声音与原始声音极为相似，人的耳朵无法分辨。这种磁带翻版对唱片公司构成了威胁，他们因而游说立法者，要求阻止在美国销售数字音频磁带，否则就是对非法 CD 复制的一种鼓励。

光盘是如何制成的？

CD 母盘指涂有抗蚀护膜的光学平板玻璃盘。抗腐蚀膜是一种化学制剂，可以阻止溶解玻璃的腐蚀剂渗透其中。母盘被放置在转盘上，要录制的数字信号被输送给激光器，激光器随着二进制的开关信号而闭合或开启。当激光器开启时，它将燃烧掉光盘上少量的抗蚀护膜。光盘转动时，磁头在磁盘上移动，在抗蚀护膜的表面留下螺旋形延伸的"燃烧"轨迹。录音完成后，将玻璃母盘放置在化学蚀刻液中，这个过程仅除去抗蚀护膜层被"燃烧"掉部分的玻璃。螺旋轨迹现在包含一系列长度不同、深度固定的小凹槽。当播放刻录的光盘时，激光束扫描总长度约为 3 英里（5 千米）的磁轨，并将 CD 盘上的"凹槽"和"平地"转化为二进制代码，光敏二极管将其转化为编码的电脉冲串。1982 年 10 月，第一批光盘投入市场。这些光盘是由荷兰的菲利浦公司和日本的索尼公司在 1978 年生产制造的。

光盘的寿命是多久？

尽管制造者声称，光盘能用 20 年，但美国国家档案记录署声明，光盘更为精确的使用寿命应该是 3～5 年。影响其寿命的主要问题是，用来记录数据的铝基质很容易被氧化。

光盘的平均使用寿命为 3~5 年。

什么是互联网？

互联网是一个庞大的全球性网

络，其核心特点是连接了世界各地的计算机网络，实现了信息交换和资源共享。个人可以通过联网的计算机，访问大量的信息，搜索数据库，或和世界各地人进行通信。

为了和其他研究人员共享信息，美国国防部高级研究项目局在 20 世纪 60 年代晚期，开创了互联网。使用网络的科学家和学术研究人员发现了它的巨大价值，促使互联网飞速发展起来。截至目前，互联网已经成为全球最大的计算机网络，覆盖了几乎每一个国家和地区。

哪种技术能保证互联网发送信息的安全性？

公共密钥加密是确保互联网安全传送信息的一种手段。系统利用组合"密匙"对信息进行加密和解密。一把是公开的"公共密匙"；另一把是保密的"私人密匙"。

系统的保密程度取决于"密匙"的大小：128 位的加密技术比 40 位的强大约 3 078 倍。同任何代码一样，无论加密多么复杂，对秘密部分进行保密都是保障信息安全的重要部分。

计 算 机

什么是算法？

算法是解决问题的一组清晰定义的规则和指令。算法未必只用于计算机，它也可以是解决任何特定类型问题的按步进行的过程。刻写在一块碑上的有近 4 000 年之久的巴比伦筑堤计算就是一个算法，就像计算机程序那样，包括解决问题的一步一步的程序。

这一术语源自一位名叫穆罕默德·伊本·穆萨·艾尔·赫瓦里兹米（Muhammad ibn Musa al Kharizmi）的巴格达数学家，他把包括 0 在内的印度数字和十进制计算介绍到西方。当他的论文在 12 世纪被翻译成拉丁文时，用阿拉伯（印度）数字做计算的技巧就被称为算法。

谁发明了计算机？

计算机由计算机器发展而来。用于计算的最早的机械装置之一是算盘，它在今天仍然被广泛地使用。算盘由一个框子框起来，框里有很多平行的棍，在棍上串着算珠。算盘起源于公元前 2000 年的埃及，大约 1 000 年后，传入东方。大约公元 300 年时传到欧洲。1617 年，约翰·纳皮尔（John Napier）发明了"纳皮尔算筹"——用一些刻有标记的象牙片来表示数的倍数。17 世纪中期，布莱兹·帕斯卡（Blaise Pascal）制成了一台能进行加减法运算的简单机械。用重复的相加来进行乘法运算是由戈特弗里德·威廉·莱布尼茨（Gottfried Wilhelm Leibniz）在 1694 年发明的阶梯轴或轮机器的特征。1823 年，英国具有远见卓识的查尔斯·巴贝奇（Charles Babbage）说服英国政府资助"分析机"，这将成为一台能做任何种类计算的机器。机器由蒸汽驱动，但最重要的创新是，整个操纵程序被

查尔斯·巴贝奇设计出"分析机"——对现代计算机科学产生了深远影响。

存储在穿孔带上。巴贝奇生前没能完成机器的制造，因为当时的技术水平还不能有效支持他的设计。1991 年，伦敦科学博物馆的一组人员在多伦·斯维德（Doron Swade）的领导下，以巴贝奇的工作为基础，建造了"分析机"（有时叫"差分机"）。机器有 10 英尺（3 米）宽，6.5 英尺（2 米）高，3 吨重，能计算直至小数点后 31 位的等式。这项壮举证明，巴贝奇走在了时代前面。但这项设备并不实用，因为要得出一个计算结果，人们必须得转动曲柄数百次。而现代计算机利用电子运算，可以以接近光速的速度运行。

最早可编程的电子计算机是有 1 500 个真空管的"巨人"计算机，它是以英国数学家阿兰·M. 图灵（Alan M. Turing）的概念为基础，由马克斯·纽曼（Max Newman）系统阐明，由 T. H. 弗劳尔斯（T. H. Flowers）建造的。1943 年，英国政府利用这台计算机，破译了编码机"谜"（Enigma）生成的德国密码。

穿孔卡片的第一个主要应用是什么？

穿孔卡片曾经是程序设计或向机器发出指令的一种方法。1801 年，约瑟夫·马利·雅卡尔（Joseph Marie Jacquard）建造了一台能自动编织图案的设备。用穿了孔的卡片来引导织机中的线，从而形成织品中预定的图模。图案是由卡片中孔的排列来决定的，金属钩针穿过打的孔，抓住并拖出特定的织线，将其编织到织物中。

19 世纪 80 年代，赫尔曼·霍勒瑞斯（Herman Hollerith）正是使用穿孔卡片的思想给机器下达指令。他造了一台穿孔卡片制表机，能在 6 个星期内处理 1890 年美国人口普查收集的数据（是以前编制速度的 3 倍）。在机器阅读器中的金属探针，穿过大小如同美钞的卡片上打的孔，瞬间闭合电路。由此产生的脉冲使表示诸如收入及家庭规模等细目的计数器前进。排序器还可以根据孔洞的模式对卡片进行分类，这在人口普查统计中的一种重要的辅助手段。后来，霍勒瑞斯创建了制表机器公司（Tabulating Machines Co.），该公司于 1924 年更名为 IBM。当 IBM 采用 80 列穿孔卡片〔规格：7 3/8 × 3 1/4 英寸（18.7 厘米 ×8.25 厘米），0.007 英寸（0.17 毫米）厚〕时，工业标准就这么确定下来了，并已持续使用了几十年。

第五代计算机是什么？其他四代呢？

在过去的几十年中，计算机的发展如此之快，以至于要用"代"来描述这些重要的进程。

第一代计算机——一个庞然大物，使用真空管、磁鼓记忆装置和以机器代码编程为最基本的技术。1951 年投入使用的 Univax 1 就是这些早期以真空管为基础的电子计算机之一。第一代计算机开始于第二次世界大战末期，结束于 1957 年。

第二代计算机——以离散的晶体管为基本技术。在 1958 年至 1963 年这段时期内，晶体固态元件取代了真空管，使用磁芯存储器存储信息。这个时期包括高级计算机程序语言的发展。

第三代计算机——具有集成电路、半导体存储器和磁盘存储器的计算机。新的操作系统、微型计算机系统、虚拟内存和分时系统等是 1963 年至 1971 年这段时期取得的进步。

第四代计算机——以微处理器和大规模集成电路为基本技术，使大部分人可以使用计算机。网络、改进的存储器、数据库管理系统和高级的编程语言，成为从 1971 年至 20 世纪 80 年代末这段时期的标志。

第五代计算机——以知识库为基础，使用推理技术得出合理的结论，而且通过智能用户界面和用户交互，执行如语者识别、自然语言的机器翻译、机器人操作等功能。20 世纪 80 年代早期以来，使用人工智能的计算机一直在研制中，特别是在日本，以及美国和欧洲。1991 年，日本开始了为期 10 年的初步行动，研究神经网络。这转变了传统定义的第五代计算机的发展方向。目前，第五代计算机的发展仍处于研究和探索阶段。

很多人听说过第一台大型电子计算机 ENIAC，那么 MANIAC 指的是什么呢？

MANIAC（数学分析器、计数器、积分器和计算机）是在尼古拉斯·C. 梅特罗波利斯（Nicholas C. Metropolis）领导下于 1848 年至 1952 年在洛斯·阿拉莫斯科学实验室制造的。它是约翰·冯·诺依曼（John von Neumann）领导的高级研究协会（IAS）制造的高速计算机中几个不同版本之一。它的制造主要是为了发展原子能运用，特别是氢弹。

它起源于对 ENIAC（电子数字积分器和计算机）——第一个全面运行的大规模电子数字计算机——的研制。ENIAC 在 1943—1946 年间建造于宾夕法尼亚大学的摩尔电器工程学院，建造者为小约翰·普雷斯珀·埃克特（John Presper Eckert Jr.）和约翰·威廉·莫齐利（John William Mauchly）。实际上，是 ENIAC 引领了计算机的现代时代。

什么是专家系统？

专家系统是一种软件，它可以分析特定领域内的复杂问题，并且根据先前编入其中的信息推荐可能的解决办法。开发专家系统的人首先要分析指定领域中人类专家的行为，然后将研究结果的所有明确规则输入到系统中。专家系统用于设备修复、保险规划、培训、医疗诊断等领域。

第一个计算机游戏是什么？

尽管计算机并不是为了玩游戏而发明的，但是可以用计算机玩游戏的想法很快就出现了。1950 年，阿兰·图灵提出了一个非常著名的游戏，名为"模仿游戏"。1952 年，位于圣莫尼卡的兰德空防实验室创作了第一批军事模拟游戏。1953 年，亚瑟·塞缪尔

（Arthur Samuel）创制了适用于新版 IBM701 的跳棋程序。从这些游戏开始，计算机游戏现在已发展成为数千亿美元的产业。

第一个成功的大型电玩是什么？

"乓"（Pong）——一种简单的电子版的网球游戏——是第一个成功的大型电玩。虽然它在 1972 年才首次投入市场，但实际上，早在 14 年前，即 1958 年，威廉·海金博塞姆（William Higinbotham）就发明了"乓"。当时他是布鲁克海文国家实验室仪器设计的负责人。发明这个游戏是为了给参观实验室的人增添乐趣。游戏非常受欢迎，参观者要玩游戏的话，得排几个小时的队。两年后，海金博塞姆拆除了这个游戏系统。他认为这个游戏系统小得不值一提，所以没有申请专利。1972 年，阿塔里（Atari）出售了"乓"——海金博塞姆游戏的电子版。马格纳沃克斯（Magnavox）出售了"奥德赛"（Odyssey），一种可以在家里电视上玩的版本。

什么是"土耳其人"？

"土耳其人"（Turk）是一个著名的玩国际象棋的自动装置的名字。自动装置，如机器人，是一个根据指令能够像出于自身力量活动一样的机械设备。1770 年，维也纳帝国法庭的一名叫沃尔夫冈·冯·肯佩伦（Wolfgang von Kempelen）的公务员发明了一种会下国际象棋的机器。这个长着胡子、和人一般大小的木制机器人，裹着头巾，穿着长袍和裤子，坐在桌子后面。它一手擎着一个土耳其烟斗，暗示着它刚刚抽完了赛前的烟。它的内部装满了齿轮、滑轮和凸轮。机器人看起来像一个棋艺高超的国际象棋手，战败了所有最优秀的人类棋手，使旁观者目瞪口呆。然而，这却是一场闹剧：它是由隐藏在机器内的人偷偷操作的。之所以起名为"土耳其人"，是因为其大胆创新的全套装配。"土耳其人"被看作是工业革命的先驱，因为它引发了人们对能完成复杂任务的设备的关注。历史学家争论说，"土耳其人"激发起人们发明其他早期设备的灵感，如功能强大的织布机和电话。它甚至是人工智能和计算机化概念的雏形。今天，计算机国际象棋游戏是如此先进，以至于能够打败世界上最好的国际象棋大师。1997 年 5 月，IBM 公司 RS/6000 SP 计算机"深蓝"依靠 32 位处理器达到相当于主频 512 的综合处理能力，平均每秒可计算 2 亿步棋局走法。"深蓝"打败了国际象棋世界冠军加里·卡斯帕罗夫（Garry Kasparov）。

20世纪80年代苹果公司推出的微型计算机的名字是什么？

苹果公司推出的微型计算机的名字叫丽萨（Lisa）。丽萨有一个图形用户界面和一个鼠标，是麦金塔微型计算机的前身。

什么是硅芯片？

硅芯片是一块几乎纯净的硅片，面积通常小于1平方厘米，厚约0.5毫米。它包含了成百上千个微电子电路元件，这些电路元件主要是装配在硅片表面下的各层中并互连在一起的晶体管。这些元件能执行控制、逻辑和存储功能。在芯片的表面上有由细金属丝构成的格网。这些金属丝用于和其他设备进行电连接。硅芯片是由两位研究者独立开发的：得克萨斯仪表公司的杰克·基尔比（Jack Kilby）和于1958年开发，仙童半导体公司的罗伯特·诺伊斯（Robert Noyce）于1959年开发。

硅芯片是当今大多数计算机操作必不可少的，许许多多其他设备，包括计算器、微波炉、汽车诊断设备和录像机等也同样需要它们。

能不能研发出一种装置来取代芯片？

1948年晶体管问世时，它们比高温易碎的真空电子管消耗更少的能源，使电子设备变得更小，运行速度更快，具有更高的可靠性，而且产生更少的热量。这些进展使计算机更为经济实用，同时也使便携式收音机更加实用。可是，较小的元件更难用金属线连接在一起，而人工接线则既昂贵又容易出错。

20世纪60年代早期，芯片上的电路使厂商有可能建造具有更大功率、更高速度和更强的存储效能，且需要更少电量、产生更小热量的设备。几乎在整个20世纪70年代，厂商每年都可以在不增大芯片的情况下，使芯片上的元件数量翻倍。尽管元件还在不断变小，但芯片却不能总以同样的比率缩小，因为芯片的大小变化越来越有限。

研究者正在调查研究用于制造芯片的不同材料。砷化镓在生产中很难处理，但是它能极大地提升转换速度。有机聚合体生产起来可能更便宜，能够用于制造液晶和其他平面显示器。不幸的是，有机聚合体没有硅材料那样的导电能力。其他一些研究者正在研究混合集成电路芯片，可能会将有机聚合体和硅的优点结合起来。研究者还对集成光学芯片进行了初级阶段的研究。集成光学芯片可以使用光而不是电流来工作。集成光学芯片将产生很少或者不产生热量，能够进行更快的转换，而且避免产生噪声。

什么是碳纳米管？

碳纳米管是科学家在两个碳电极之间形成电弧时能够创造出的微观圆柱体结构。碳原子排列成一种晶格，形成几纳米（纳米是一米的十亿分之一）长的微小的管。科学家将其定位，使它们充当传送器。纳米管的优点是，它们比现在计算机芯片上使用的晶体管小 100 倍。碳纳米管最终可能会取代标准的计算机芯片，使计算机体积更小，性能更好。

什么是摩尔定律？

英特尔公司的创建人之一——戈登·摩尔（Gordon Moore），是一位优秀的微芯片生产商。他在 1965 年观察到，每个微芯片可容纳的晶体管的数目，每隔约 18 个月便会增加 1 倍，性能也将提升 1 倍。媒体称之为"摩尔定律"。尽管这种日益增长的趋势不能永久持续下去，但历史表明，微芯片的技术进步的确与摩尔的预言一致。

谁发明了计算机鼠标？

计算机"鼠标"是一个手持输入设备。当鼠标在一个平面上移动时，会使光标在显示屏上按相应路线移动。1968 年，在旧金山举行的秋季联合计算机会议（FJCC）上，由道格拉斯·恩格尔哈特（Douglas C. Englehart）示范演示了一个输入控制台，其中就包括一个鼠标原型。鼠标在 1984 年由苹果公司的麦金塔计算机所推广，它使得计算机的通信变得更简单、更灵活，这是 15 年来探索的结果。

它的实际外观是一个小盒子，带着悬挂得像个尾巴的电线，因此得名"鼠标"。

什么是霍珀规则？

霍珀规则指电荷在 1 纳秒（1 秒的 10 亿分之一）内行进 1 英尺（30.45 厘米）。这是为方便计算机程序员而编制的许多规则之一。它同时也被看成是计算机可能速度的一个基本限制，即在电子电路中，信号不能移动得比这个速度更快。

汇编语言和机器语言是一回事吗？

虽然这两个术语常常可以互相交换使用，但汇编语言是机器语言的一个更"用户友好"的翻译。机器语言是由中央处理器（CPU）识别为指令的比特模式的集合。每一特定的 CPU 设计都有它自己特有的机器语言。通常一台微型计算机的 CPU 机器语言大约包含 75 条指令。大型计算机的 CPU 机器语言可能包含数百条指令。这些指令中的每一条都以 1 和 0 的模式告诉 CPU 去执行一项专门的操作。

汇编语言是计算机 CPU 机器语言中每条指令的符号、助记符名称的集合。像机器语言那样，汇编语言和特定的 CPU 设计密切相关。以汇编语言进行程序设计需要精通 CPU 的结构，而且用汇编语言编写的程序难以维护并需要大量的文档。

20 世纪 80 年代后期研制的计算机 C 语言，现在已被频繁地用于替代汇编语言。C 语言是一种高级程序设计语言。由于它的函数结构，对于几乎所有的计算机，从微型计算机到大型计算机，它都能被编译成机器语言。

编程语言的发展阶段是什么？

计算机科学家用下面的缩写词给计算机语言的发展进程或演化进行阶段划分：

1GL ——第一阶段的语言称作"机器语言"，是程序员为处理器开展任务而写的一套指令。它通常以二进制的形式出现。用 1 和 0 编写。

2GL ——第二阶段的语言称为"汇编语言"。组译器将汇编语言转成处理器可执行的机器语言。

3GL ——第三阶段的语言称为"高级编程语言"。Java 和 C++ 属于第三阶段的语言。汇编程序将高级语言转译成机器语言，常常按如下格式书写：

```
If（chLetter ≥ 'B'）
Console. WriteLine（"usage: one argument"）;
Return 1;// sample code
```

4GL ——第四阶段的语言类似自然语言。关联式数据库使用这种语言。例如：

```
FIND All Titles FROM Books WHERE Title begins with "Handy"
```

5GL ——第五阶段的语言使用图表设计界面，允许第三、第四阶段的编译程序来转译。这和 HTML 文本编辑器很相似，因为它允许拖放图标和层次结构的可视化显示。

谁创造了计算机语言 COBOL？

COBOL（面向商业的通用语言）是专门为商业用途设计的一种著名的计算机语言，它是由一个小组在 1960 年为几个计算机制造商和五角大楼创造的。和 COBOL 相关的最著名的人是格雷丝·默里·霍珀（Grace Murray Hopper），她对美国海军的 COBOL 标准化工作作出了重要贡献。COBOL 擅长处理商业上最常用的数据处理类型——对庞大的数据文件进行简单的算术运算。它的语法结构非常像英语，加上为某种计算机编写的 COBOL 程序无需进行变换，就可以在很多其他计算机上运行，导致 COBOL 语言能持久地生存下去。

世界上第一个程序员是谁？

根据历史记载，英国著名诗人拜伦勋爵（Lord Byron）的女儿奥古斯塔·埃达·拜伦（Augusta Ada Byron），即洛夫雷斯伯爵夫人（Countess Lovelace），是第一个为查尔斯·巴贝奇发明的"分析机"编写程序的人。分析机采用穿孔卡片把指令存到存储库中。机器根据指令自动运算，最后打印出结果。她与巴贝奇的研究工作以及她撰写的关于分析机可能性的论文，使她成为编程艺术和科学的"守护神"。"Ada"（埃达）编程语言就是美国国防部为纪念这位世界上第一位程序员而命名的。在现代，这一荣誉归于格雷丝·默里·霍珀，她为马克 I（Mark I）计算机编写了第一套程序。

谁发明了 PASCAL 计算机语言？

瑞士计算机程序员尼克拉斯·沃斯（Niklaus Wirth）发明了 PASCAL 计算机语言。

"位"和"字节"有什么不同？

字节是计算机存储器的一个普通单位，它表示诸如一个字母（"A"）、一个数字（"2"）、一个符号（"＄"）、一个十进制小数点或一个空格那样的一个单个字符的存储量。它通常相当于 8 个"数据位"和一个"校验位"。位（二进制数）是数字计算机中最小的信息单位，等价于一个"0"或"1"。校验位用于校验组成字节的位中的差错。虽然每个字节 8 个数据位是最普通的大小，但计算机制造商可以自由确定不同个数的位作为一个字节。每个字节 6 个数据位是另一种常用的大小。

"启动"计算机意味着什么？

"启动"（Booting）计算机的意思是启动它，也就是打开操作系统。这个术语源于"靴带"（bootstrap），因为靴带可以让一个人独立拉起靴子，而无需他人帮忙。完成这个过程的命令嵌在只读存储器（ROM）芯片上，当微计算机打开或者重新启动时，就会自动执行。在大型机或微型机中，这个过程通常牵涉操作者的大量输入。计算机冷启动指打开计算机的电源并将控制权交给操作系统；热启动指电源没有断开的情况下，重新启动操作系统。

面对计算机显示屏的正确方式是什么？

在电脑面前保持身体的正确姿势，对于防治健康问题，如腕管综合征和背痛，很重要。你应该这样坐着：眼睛离显示器 18~24 英寸（45~61 厘米），离显示器中心往上 6~8 英寸（15~20 厘米）。手应该和胳膊平行，或稍低于胳膊。

正确的姿势也很重要。必须坐直，保持脊柱挺直。坐在椅子上时要尽量靠后，膝盖应与大腿持平或略低于大腿。双脚着地。胳膊放在桌子上或者椅子扶手上，但是确保你没有弓背。如果必须弯腰或者向前倾，请从腰部开始。

"程序错误"一词的起源是什么？

"程序错误"（bug）这个俚语用来描述计算机程序出现的问题和缺陷。它可能起源于 20 世纪 40 年代早期，当时哈佛大学的计算机先驱格雷丝·默里·霍珀发现了一只死蛾子，这只蛾子导致她正在工作的机器出现瘫痪。当她用镊子除去蛾子，别人问她在做什么时，她答道："我在除去机器上的错误。"（I'm debugging the machine.）蛾子的尸体被摁在了记录本的页面上，和计算机故障日志记录本一起保存在弗吉尼亚海军博物馆。

"故障"这一术语的起源是什么？

"故障"（glitch）是计算机中一连串事件的突然中断或者缺失，如在给处理器发布的命令中。机器的稳定性可能修复，也可能无法修复。"故障"一词源于德语"glitschen"，意思是"滑倒"。或者来源依地语"glitshen"，意思是"滑动"或"打滑"。

一个小的故障可以导致网络系统出现一连串的级联错误。例如，1997 年，弗吉尼亚州的一个小型互联网服务供应商在无意中，向主网（主网是局部或地方性网络可以接入信息、进行相互连接的主干网络通路）运营商提供了错误的路由器（路由器是这样一个途径，网络通过它决定信息的下一个位置）信息。因为许多其他的互联网服务供应商依赖主干网络供应商，因此这个小失误影响到了全球，导致网络出现暂时故障。

什么是计算机病毒？它是如何传播的？

计算机病毒和生物病毒有明显相似之处。计算机"病毒"是一种程序，它能寻找其他程序，并通过在程序内部复制自身而传播病毒。当程序被执行时，嵌入在程序内的病毒也被执行，这样就进行了"传染"。正常情况下用户是看不见病毒的。然而，病毒在没有帮助的情况下是不能感染其他计算机的。当用户使用计算机进行通信联系时，常常是当他们交换程序时，它就会传播。病毒有可能只是复制自己，而程序可以正常运行。然而，在悄无声息地"繁殖"了一段时间后，病毒通常开始做其他的事情——可能插入"有趣的"信息，或者破坏用户的全部文件。计算机"蠕虫病毒"和"逻辑炸弹"都是常见的病毒，但是它们并不像病毒那样在程序内复制自身。"逻辑炸弹"可以进行即时破坏活动——毁掉数据，在数据文件中插入无用的信息，或者重新格式化硬盘。"蠕虫病毒"可以立即或者隔一段时间以后更改程序或数据库。

在 20 世纪 90 年代，"蠕虫病毒"和"逻辑炸弹"已经成为非常严重的问题，特别是在 IBM PC 机和 Macintosh 机用户中。专门检测病毒软件和"免疫"软件的生产已经成为一种产业。

什么是模糊搜索？

模糊搜索是一些软件程序的功能，这些程序允许用户对指定的文本进行类似的而不是绝对相同的文本搜索。当不知道准确拼写时，它可以搜到结果，或者可以帮助用户获得与搜索主题大致相关的信息。

什么是 GiGO？

尽管和计算机语言的名称很相似，但它并不是一种计算机语言。GiGO 表示"垃圾进，垃圾出"（Garbage In，Garbage Out）。这是一个计算机黑客用语，用以指人们输入不准确的信息时，就会得到不准确的结果。

什么是像素？

"像素"（pixel）一词由"图像"（picture）和"元素"（element）组成，是视频显示屏幕上最小的元素。一个显示屏包含成千上万个像素，每一个像素都由一个或多个点或者点的簇组成。在黑白显示屏上，一个像素就是一个点。像素开或关时，就创造出了图像和背景的两种颜色。一些黑白显示屏可以由能源控制，根据像素对光的不同敏感性，产生一系列由明到暗的影子。在彩色显示屏上，一个像素包括红、绿和蓝 3 种色彩的点。最简单的显示屏上的一个点只有一种颜色，但是较复杂的显示屏幕的像素由各种不同颜色的一串点构成。这些更为复杂的显示屏能够显示大量的颜色和不同的强度。在彩色显示屏上，3 种颜色全部关闭就产生黑色，3 种颜色全部打开就产生白色，所有颜色的强度相等时就产生了灰色。

最经济的显示器是黑白显示器，每个像素只有一位，设置只有打开或闭合。高分辨率的彩色显示器能使用上百万个像素，每个彩色点占据 4 个字节的内存，将需要许多兆字节来显示图像。

DOS 代表什么？

DOS 代表"磁盘操作系统"（disk operating system），它是一个程序，控制着数据在计算机硬盘或软盘之间的传送。它经常和主操作系统结合在一起。这种操作系统最初是在西雅图计算机产品公司（Seattle Computer Products）研制成功的，并称之为SCP-DOS。当 IBM 决定制造个人计算机并需要一个操作系统时，在和微软公司达成生产实际操作系统的协议后，IBM 选择了 SCP-DOS。在微软公司，SCP-DOS 发展成为MS-DOS，而 IBM 更愿意把它称为 PC-DOS（个人计算机）。最终人们把它简单地称为DOS。

谁发送了第一个电子邮件？

20 世纪 70 年代早期，计算机工程师雷·汤姆林森（Ray Tomlinson）注意到，在同一主机上工作的人们能相互留信息。于是他设想，如果信息能够发送到不同的主机上，那么这个通信系统将非常有用。因此，他使用文件传送协议和收发功能，在一周左右的时间里，编写了一个软件程序。这个程序使人们能够通过阿帕网（Arpanet，后来成为互联网）将信息从一个主机发送到另一个主机。为了确保信息发送到正确的系统，他采用了"@"符号，因为这个符号是最没有歧义的一个键盘符号，而且非常简短。

什么是黑客？

黑客是熟练的计算机用户。这个术语原来指技艺娴熟的程序员，特别是熟悉机器编码、精通机器原理及其操作系统的人。这个名字产生于这样一个事实：一位优秀的程序员总是能够删掉一个不完善的系统，直到系统能运行。

这个术语后来指其主要兴趣是解除密码系统的计算机使用者。这个词就这样获得了贬义，意思是一个人故意地，有时不惜以犯罪手段干扰通过电话线获得数据的人。这种黑客活动使人们做出了相当大的努力来加强传送数据的安全性。

什么是"不完善的系统"？

一个"不完善的系统"（kludge，也写为 kluge）是一种马马虎虎的、不成熟的、拖拖拉拉的解决问题的方法。它可以指任何临时凑合的解决方法，也可以指任何设计糟糕的产品，或者指由于时间久了难以操作的产品。

谁创造了"技术胡话"这个词？

约翰·A. 巴里（John A. Barry）用"技术胡话"（technobabble）这个词来表示不加区分地到处滥用计算机术语，特别是当这一术语用于与技术根本没有一点关系的情形时。他于 20 世纪 80 年代早期首先使用了这个词。

操作系统 Linux 是如何得名的？

Linux 的名字是它的主要程序员、芬兰的林纳斯·托瓦兹（Linus Torvalds）的名字和 UNIX 操作系统的名称组合而成的。Linux 是一个公共资源计算机操作系统，可与功能更强大、更具扩张性、通常代价不菲的 UNIX 系统相比，它们在形式和功能上都相似。Linux 允许用户在他们的家庭计算机上运行可靠又丰富的开放源码软件资源工具和界面，包括功能强大的网络实用工具，如受欢迎的阿帕切（Apache）服务器。任何用户都可以免费下载 Linux。托瓦兹研制出了系统的核心——或者说是系统的心脏——"就是为了有趣"，并且将它免费发布给全世界，因而其他程序员能够对它进行进一步的研究开发。这个世界欣然接受了 Linux，使托瓦兹成了民间英雄。

🗼 "开放源码软件"背后的理念是什么？

开放源码软件是指其代码（控制其运行的规则）可供用户修改的计算机软件。与之不同的是，私有代码的软件供应商遮蔽了代码，用户无法查看，因此不能操作（或盗窃）软件。开放源代码并不一定是免费的。作者可以收取使用费，虽然有些收取的只是象征性的费用。根据自由软件基金会的规定，"自由软件"（Free software）是个自由的问题，而不是价格的问题。如果要理解这个概念，你应该想到"自由演讲"中的"自由"，而不是"免费啤酒"中的"免费"。"自由软件是用户自由运行、复制、分发、研究、改变和改进软件。"尽管有这项声明，但大多数软件还是免费使用的。开放源码软件通常在"非盈利版权"这一概念之下，而不是"著作权"法的保护下。非盈利版权并不意味着将资源发布到公共领域，也不像联邦版权法一样，意味着绝对禁止复制。根据自由软件基金会的规定，非盈利版权是一种保护性措施，保证任何重新发布软件（无论是否修改）的人，"一定自由地进一步复制和共享"。开放源码已经演变成一种共享、合作和共同创新运动。许多人认为，在目前激烈的软件私有化过程中，这些实行开放源码软件的想法是十分必要的。

🗼 谁发明了万维网？

蒂姆·伯纳斯-李（Tim Berners-Lee）被认为是万维网（WWW）的发明者。万维网是一个庞大的相互链接的超文本文档的集合，这些文档通过互联网传输并通过浏览器浏览。互联网是二十世纪六七十年代由美国国防部高级研究计划署研发的全球计算机网络（又称为"阿帕网"）。互联网在灾难性事件（如原子爆炸）发生的情况下，能提供大量的通信。灾难性事件可能会摧毁一个连接或一台计算机，但不能毁掉整个网络。浏览器是用来翻译超文本文件的。超文本文件通常用超文本链接标记语言（HTML）写成，因此它可以在计算机的显示器上以人类可读的形式显示。在 1990 年和 1991 年，伯纳斯-李将工具和协议发布到网上，与古腾堡发明的印刷机一样，万维网的诞生被认为是人类通信史上最伟大的成就之一。

搜索引擎是如何工作的？

互联网搜索引擎和图书馆专用的计算机化卡片目录相似。可以通过和互联网连接的网页浏览器查看。搜索引擎根据搜索者提交的关键词或词组模式，提供万维网上位置的超链接列表。互联网目录服务也能提供同样的服务，但用不同的方法收集源信息。互联网目录服务使人们浏览网页站点，利用主题或者其他的类别将它们组织成分层级索引。搜索引擎使用叫"蜘蛛"或者"爬虫"的计算机软件，自动搜索、编制和索引网页。"蜘蛛"扫描每个网页的文字内容和文字出现的频率，并将这些信息存储在数据库中。用户提交单词或者术语时，搜索引擎从数据库中找到一列站点，并根据搜索术语的相关性将它们排列出来。

杂货店的顾客是如何参与数据筛选的？

许多杂货店提供免费的会员卡，使顾客能立即享受价格优惠，其作用就像一张可再次使用的优惠券一样。唯一麻烦的是，顾客必须填写一些信息，如年龄和性别，并且签上名字。顾客使用这张卡购物时，该次购物的详细信息（包括购买日期、时间和项目名称）都存储在数据库中。杂货店利用"数据筛选"优化促销活动，决定它的促销活动和店内展示。数据筛选，如其名字所暗示的，是一种计算机统计技术。计算机详细审查大量数据来提取模式、识别关系、进行预测。例如，如果模式显示，周末下午 3 点之前，26～35 岁的男性顾客会购买尿布；而大部分葡萄酒都是下午 3 点之后被 46～55 岁的男性购买的。这样，商店就可以把尿布移到白天客流量明显多的地方，把该年龄段常购买的商品移到附近。接着下午 3 点之后，商店可以把尿布移走，把葡萄酒与 46～55 岁年龄段男性顾客同时购买的其他商品一起，移到同样显著的位置。

第6章
基础科学

数　字

何时何地出现数字和计数的概念？

　　成年人（包括某些高等动物）不需要任何训练就能够识别数字 1~4，而对于大于 4 的数字则需要学习。计数需要一套数字操作技能、一套数字命名及记录的方法。早期的人们最初用手指及脚趾计数，后来改用贝壳和鹅卵石。公元前 4000 年，埃兰（今波斯湾沿岸伊朗附近）的计数者开始使用未烧制的黏土代币来替代鹅卵石。每个黏土代币代表计数系统的一个序数。木棍状的代表数字 1，块状的代表数字 10，小球状的代表数字 100，等等。在同一时期，美索不达米亚下游的苏美尔陶土文明也创建了同样的计数系统。

代表零的符号是何时开始使用的？

　　令人感到意外的是，代表零的符号比其他数字概念出现得晚。例如，古希腊人发明出逻辑和几何概念，为整个数学学科奠定了基础，但他们的概念中没有代表零的符号。印度数学家们被认为是零符号的最早发明者。在瓜廖尔的一个公元 870 年的石碑上发现了零符号的记载。事实上，在那以前，零符号就已经出现了。在柬埔寨、苏门答腊岛和邦加岛的公元 7 世纪的石碑上就有了关于零符号的记载。尽管没有文字记录表明 1247 年之前的中国是否有零符号，但一些历史学家认为它起源于中国，后传到印度。

完全数是指其包含1在内的所有真因子（除了它本身以外）之和等于该数本身的数。数字6是最小的完全数，其因子1、2、3相加等于6。接下来的3个完全数分别是28、496和8 126。目前没有发现奇数完全数。

什么是罗马数字？

罗马数字是指用来代表数字的符号。它由7个基本符号构成：I（1）、V（5）、X（10）、L（50）、C（100）、D（500）、M（1 000）。有时，在数字上画条横线表示这个数增大1 000倍。将一个小数放在大数左边，则表示用大数减该小数来构成数字。这种数字表示法经常用于表示4和9的数字。例如，4可以表示为 IV，9表示为 IX，40 为 XL，90 为 XC。

什么是斐波那契数列？

斐波那契数列是一个整数数列，从第三个数开始，每个数等于前两个数之和。例如，1，1，2，3，5，8，13，21……（1+1=2，1+2=3，2+3=5，3+5=8，5+8=13，8+13=21 等）。莱昂纳多·斐波那契（Leonardo Fibonacci）在他1202年出版并亲自修订的名著《计算之书》（*Liber abaci*）一书中，首次记述了这个数列。

目前已知的最大质数是多少？

质数是只能被1和它自身整除的正整数。2、3、5、7、11、13、17、19 都是质数。质数亦称"素数"。古希腊数学家欧几里得（Eulid）证明，最大的质数是不存在的，因为任何关于最大质数的定义都会产生矛盾。如果存在最大质数（P），把1与所有包括 P 在内的质数的乘积相加，即1+（1×2×3×5×…×P），就会得到另一个质数，因为它不可能被任何已知的质数整除。2001 年，加拿大的迈克尔·卡梅伦（Michael Cameron）发现了当时世界上已知的最大素数（第 39 个）：$2^{13466917}-1$。该素数由超过 400 万位数字组成，若手写需要 3 周时间才能写完。第 39 个素数是被称为梅森质数的一组特殊质数序列中的数字之一。梅森质数是以最先致力于该领域研究的法国传教士马林·梅森（Marin Mersenne）的姓氏命名的。

质数数列没有明显的规律。从欧几里得时代起，数学家一直致力于找到一个公式，但都以失败告终。为了找到新的位数最多的质数，在1996年1月编制的"互联网梅森素数大搜索"（GIMPS）项目的帮助下，第39个素数在一台个人计算机上被发现。GIMPS依赖于全世界各地的成千上万台小型个人计算机的计算。目前已知最大的梅森质数是第51个梅森质数，即$2^{82589933} - 1$，是在2016年1月7日由EIMPS项目发现的。

《圣经》中提到的最大数是多少?

《圣经》中提到的最大数字是一千千，即100万。

数字10为何如此重要?

原因之一在于公制是以10为基础的。出于对测量标准化的需要，在18世纪末出现了公制，而此前的测量标准取决于当时统治者的偏好，经常变化。早在公制出现之前，数字10就已非常重要了。公元2世纪，新毕达哥拉斯学派尼各马可认为，10是个完美的数字，在人类的手指和脚趾的创造中，已经体现了这个数字被赋予的神圣性。毕达哥拉斯学派认为，10是最先诞生的数字，其他数字由其派生而来。10从不改变，是解决所有问题的基础。非洲西部的牧羊人用表示10的染色贝壳来数羊群的数量，10渐渐成为计数制的基础。一些学者认为，10成为基数更多是出于简单、方便的原因。用手指很容易数出10，而且以10为基数的加、减、乘、除法易于记忆。

古戈尔有多大?

古戈尔（googol）是指10^{100}。同其他数字名称不同的是，古戈尔与其他任何计数进制无关。1938年，美国数学家爱德华·卡斯纳（Edward Kasner）首先使用这个术语。当时，他正在寻找一个表示这个巨大数字的术语，于是让其9岁的侄子米尔顿·西罗蒂（Milton Sirotta）给起个名字。古戈尔普勒克斯是指10^{googol}，就是10后有1个古戈尔的0。流行的网页搜索引擎google.com就是以古戈尔命名的。

什么是无理数?

实数中,不能精确表示为两个整数之比的数称为无理数,即无限不循环小数。能够精确表示为两个整数之比的数称为有理数。例如,1/2 是有理数。π、$\sqrt{2}$为无理数。据历史记载,公元前 6 世纪,当毕达哥拉斯发现 2 的平方根不能用小数来表示时,他就首先使用了无理数这一术语。

什么是虚数?

虚数是负数的平方根。因为平方是指两个相等的数的乘积,它总是正数,所以一个数与它本身相乘不可能得到负实数。符号 i 用来表示虚数。

π 的小数点后30位数字是多少?

圆周率(π)是指平面上圆的周长与直径之比,常用来计算圆面积(πr^2)、圆柱体体积($\pi r^2 h$)或圆锥体体积[(1/3)$\pi r^2 h$]。圆周率被称为"超越数"(transcendental number),是一个有精确值的无理数,不能表示为两个整数的比值。理论上,圆周率是个无穷小数,通常接近 3.141 6。英国数学家威廉·琼斯(William Jones)使用希腊符号 π 来表示圆周率。精确到小数点后 30 位时,π 的值为 3.141 592 653 589 793 238 462 643 383 279。1989 年,纽约哥伦比亚大学的雷戈里(George)和大卫·丘德诺夫斯基(David Chudnovsky)利用 IBM3090 型主机和 CRAY-2 型超级计算机进行了两次运算,得出 π 值小数点后的 1 011 961 691 位数。1991 年,他们计算出 π 值小数点后的 2 260 321 336 位数。1999 年,东京大学的金田康正(Yasumasa Kanada)和高桥大辅(Daisuke Takahashi)计算出小数点后的 206 158 430 000 位数。数学家们还用二进制形式(0 和 1)来计算圆周率。科林·珀西瓦尔(Colin Percival)以及 25 位西蒙弗雷泽大学的研究人员花费 13 500 小时计算出了小数点后 5 万亿位的二进制数字。

自然界中反映数字与数学概念的例子有哪些?

数字和数学在世界中无处不在,一些数字尤为显著。数字六广泛地存在于自然界中,通常每片雪花有六个边,蜂巢是六角形。弧线型鹦鹉螺壳和不断减小的腔室符合黄金分割和斐波那契数列。与许多植物、花籽和茎的排列一样，松果也符合斐波那契数列。在海岸线、血管和山脉的结构中，可以明显地看到分形。

数　　学

📖 算术与数学有何不同?

算术研究的是正整数（1，2，3，4，5，…）的加、减、乘、除运算，以及运算结果的日常应用。数学是研究结构、排列和量的学科。传统上，数学包括 3 个领域: 代数、解析和几何。由于各领域间的相互影响，其分界线已逐渐消失。

📖 谁创立了微积分?

德国数学家戈特弗里德·威廉·莱布尼兹（Gottfried Wihelm Leibniz）于 1684 年发表了第一篇关于微积分的论文。大多数历史学家认为，艾萨克·牛顿（Isaac Newton）早在 8 或 10 年前就已创建了微积分，但是他的著作发表得太迟了。微积分的创建标志着高等数学的开始，为科学家和数学家解决先前极为复杂的难题提供了工具。

戈特弗里德·威廉·莱布尼兹对微积分学科的建立和发展作出了重要贡献。

📖 历史上最经久流传的数学著作是哪部?

《几何原本》（*The Elements of Euclid*，约公元前 3 世纪）是最负盛名、最有影响力的数学著作之一。在这部著作中，古希腊数学家欧几里得总结了古代学者们获得的几何知识，并且介绍了许多自己的创新。《几何原本》共有 13 卷，前 6 卷包括平面几何，第 7~9 卷涉及算术和数字理论，第 10 卷涉及无理数，11~13 卷讲述立体几何。在阐述理论的过程中，欧几里得使用合成法，通过逻辑推理，从已知理论推出未知理论。几个世纪以来，这种方法成为科学探索的标准程序。《几何原本》对科学思维产生的影响非常深远。

有没有可能数到无穷大？

答案是否定的。非常大的有限数不同于无穷大的数。无穷大的数可被定义为没有界限或无限。任何能够数得出的数或者一个数后接数十亿个零所表达的数字都是有限数。

算盘已被使用了多久？现在仍在使用吗？

算盘是从早期的计数板发展而来的。板上有凹槽，凹槽中装有用来计算的鹅卵石和珠子。据美索不达米亚文献记载，这种计数板可追溯到大约公元前 3500 年。现今使用的珠子算盘至少可以追溯到 15 世纪的中国。在使用笔纸计算的十进制方法之前，算盘是计算乘除法必不可少的工具。在 20 世纪 70 年代，大部分日本店主用算盘来合计顾客的账单。然而，随着科技的发展，特别是电子计算机的普及，算盘的使用逐渐减少，但它仍然存在于生活中。

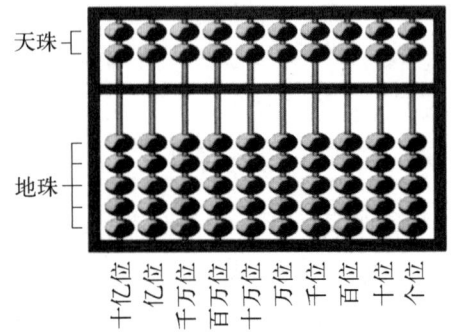

算盘。

什么是纳皮尔算筹？

16 世纪，苏格兰数学家约翰·纳皮尔（John Napier）创造了一种简化乘除运算的方法，即使用 10 的指数。纳皮尔把这种方法称为对数（常表示为 log）。这种方法将乘法简化为加法，除法简化为减法。例如，100（10^2）的对数是 2；1 000（10^3）的对数是 3；100 乘以 1 000，即 100×1 000=100 000，可以通过将它们的对数相加来计算：log［（100）（1 000）］=log（100）+log（1 000）=2+3=5=log（100 000）。1614 年，纳皮尔在《神妙的对数规则之描述》（*A Description of the Admirable Table of Logarithms*）中公布了他的方法。1617 年，他又公布了一种使用对数原理进行乘除法运算的装置。这种装置由框内的一些棒子组成，棒上标着 1～9 的数字。这种用具被称为"纳皮尔算筹"。

苏格兰数学家约翰·纳皮尔，发明了"纳皮尔算筹"——按对数原理进行计算的装置。

什么是奎茨奈颜色棒？

奎茨奈棒是帮助青年学生独立发现基本数学原理的一种教学方法。这种方法由比利时的一位中学教师埃米尔·奎茨奈（Emile-Georges Cuisenaire）创立，它由 10 根不同颜色、不同长度、易于操作的木棒组成。奎茨奈棒用来帮助学生理解数学原理，而不仅仅是记忆数学原理，还可用来说明结合律、交换律和分配律等基本数学特性。

什么是计算尺？发明者是谁？

直到 1974 年，大部分的建筑、桥梁、汽车、飞机和道路的工程设计计算都依靠计算尺来完成。计算尺是带有可以移动的对数标度的工具。对数是由曼彻斯顿的男爵约翰·纳皮尔于 1614 年创立的。计算尺能快速地进行乘、除、平方根运算或找到一个数的对数。1620 年，英格兰伦敦格雷沙姆学院的埃德蒙·甘特（Edmund Gunter）发明了一种使用单个对数刻度的计算工具。1621 年，威廉·奥特雷德（William Oughtred）制作了第一把直尺式的计算尺。这种计算尺由两个一同计算使用的对数刻度表组成。1630 年，他以前的学生理查德·德拉曼（Richard Delamain）发表了描述圆形计算尺的文章（德拉曼大约于同时期获得了专利），比奥特雷德的文章早 3 年出版（至少有一种观点认为德拉曼在 1620 年发表）。奥特雷德指责德拉曼剽窃，但有证据表明两人的发明都是独立完成的。

现存最早的直计算尺可追溯到 1654 年，这种直尺采用了现代设计中能在一个固定杆上滑动的游标。到 17 世纪末，在许多行业（如石工业、木工业及税收等）中出现了专用算尺。彼得·马克·罗热（Peter Mark Roget）于 1814 年发明了双对数计算尺，可用来计算数的方根或幂。罗热最著名的作品是他编著的《英语单词和词组词典》（*Thesaurus of English Words and Phrases*）。1967 年，惠普公司（也称作 HP）制造出第一台便携式计算机。此后 10 年中，计算尺就只是在科学知识的藏书中出现了。

如何使用"舍九法"来检验加法或乘法的结果？

"舍九法"是基于整数各位数字中 9 的余数（一个数中所有数字的总和被 9 除的余数）来进行的。以乘法为例，首先将被乘数和乘数的所有数字分别相加，如下所示，所得的和分别为 13 和 12。如果结果大于 9，那么将所得结果中数字再次相加，直到最终结果小于 9 。如下例所示，再次相加的结果分别为 4 和 3 。被乘数的余数乘以乘数的余数（4×3），将所得乘积的数字相加，最后得到一个小于或等于 9 的数。在乘法所得结果中重复舍九过程，所得结果一定与刚刚计算过的结果相等。如下例所示，结果为 3 。若两个结果不同，则最初的乘法结果不正确。"舍九法"也可应用于检验加法结果的正误。

$$328 \longrightarrow 13 \longrightarrow 4$$
$$\underline{624 \longrightarrow 12 \longrightarrow 3}$$
$$1312 \qquad\qquad 12 \longrightarrow 3$$
$$656$$
$$\underline{1968 \qquad\qquad}$$
$$204672 \longrightarrow 21 \longrightarrow 3$$

中位数与平均数有何不同？

把一组数字按大小顺序排列，最中间的数字就是中位数。若该组数字的个数为偶数，中位数就是最中间的两个数的和除以 2 。算术平均数又称为简单平均数，是指在一组数据中所有数据之和除以数据的个数。虽然较少数据的平均数很容易计算，但算术平均数会使人产生误解，因为非常大或非常小的数值会影响平均数的含义。例如，在职业足球队中，如果一名球员是一位薪水很高的超级球星，那么队员的平均工资会与实际差距很大，可能会远远高于其他任何一名队员的工资。在一组数据中，这种情况经常出现。

111222234455667 的中位数是中间数字 3 ，算术平均数为所有数据之和除以该数据串个数，即 51÷15=3.4。在这串数字中 2 出现的频率最高。

何时 $0 \times 0 = 1$ ？

阶乘就是某一数字与所有小于该数的自然数的乘积。用符号 n ！表示。例如 5 ！（5 的阶乘）等于 5×4×3×2×1=120。出于完整性考虑，0 ！规定为 1 ，即 $0 \times 0 = 1$。

平方根的概念是何时产生的？

一个数的平方根是指某个自乘结果等于该实数的数。例如，25 的平方根是 5（5×5=25）。平方根的概念存在了几千年，但其如何被发现仍不为人所知。早期的数学家用不同的方法计算平方根。公元前1900年至前1600年，巴比伦黏土书写板上记载着整数1~30的平方和立方。大约公元前1700年，早期的埃及人已经开始使用平方根了。在古希腊时期（前600年—前300年），平方根的运算有所改进。16世纪时，法国数学家笛卡儿（René Descartes）率先使用平方根符号"$\sqrt{}$"，并把它叫作根号。

什么是维恩图？

维恩图是用来说明集合之间关系的图形，它用圆来表示不同集合元素的逻辑关系，并且用了逻辑运算符（计算机领域称为"布尔运算符"），如"和"（and）、"或"（or）和"非"（not）。1881年，约翰·维恩（John Venn）在他的《符号逻辑》（*Symbolic Logic*）一书中首次使用了维恩图。在这本著作中，维恩解释并改正了乔治·布尔（George Boole）和奥古斯都·德·摩根（Augustus de Morgan）著作中的一些含混概念。虽然人们没有广泛接受他对布尔著作所进行的修改，但这种新的图表法被认为是一种进步。维恩用阴影来表示包含和不包含的关系。查尔斯·道奇森（Charles Dodgson），更广为人知的笔名是刘易斯·卡罗尔（Lewis Carroll），用封闭图表代表全集，从而改进了维恩图。

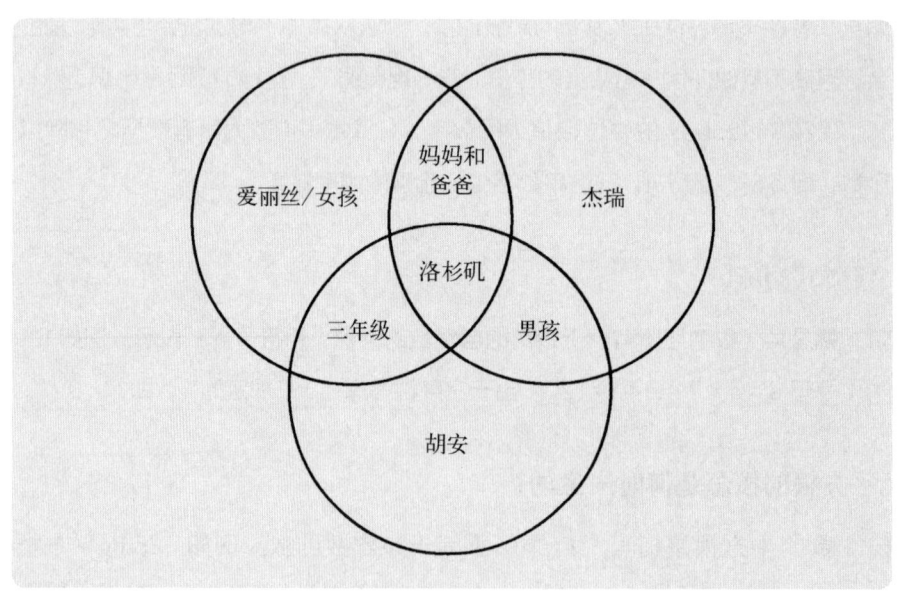

维恩图的示例。

常见的体积公式有哪些?

常见的体积公式如下:

球体体积＝(4/3)×π×半径的立方

$$V=(4/3)\,\pi r^3$$

椎体体积＝(1/3)×底面积×高

$$V=(1/3)\,bh$$

柱体体积＝底面积×高

$$V=Ah$$

圆柱体体积(底面为圆形)＝π×底面半径的平方×高

$$V=\pi r^2 h$$

正方体体积＝边长的立方

$$V=s^3$$

圆锥体体积＝(1/3)×π×底面半径的平方×高

$$V=(1/3)\,\pi r^2 h$$

长方体体积＝长×宽×高

$$V=lwh$$

 常用的面积公式有哪些?

常用的面积公式如下:

矩形面积＝长×宽或底×高

$$A=lw \text{ 或 } A=ab$$

圆面积 = π × 半径的平方

$$A = \pi r^2 \text{ 或 } A = (1/4)\pi d^2$$

三角形面积 = (1/2) × 底 × 高

$$A = (1/2)ab$$

球的表面积 = 4 × π × 半径的平方

$$A = 4\pi r^2 \text{ 或 } A = \pi d^2$$

正方形面积 = 边长的平方

$$A = s^2$$

正方体的表面积 = 边长平方 × 6

$$A = 6s^2$$

谁发现了三角形面积公式？

海伦，又称希罗［Heron（or Hero）of Alexandria，公元 1 世纪］在数学史上因提出计算三角形面积的海伦公式而闻名。设三角形 3 条边长分别为 a, b, c。s 代表周长的一半，A 为三角形的面积，则有 $A = \sqrt{s[(s-a)(s-b)(s-c)]}$。海伦用文字叙述了这一公式。那些保护并传播希腊数学的阿拉伯数学家们认为，海伦公式最早由阿基米德（Archimedes）发现，但对这一公式的证明则最早出现在海伦所著的《度量论》（Metrica）中。

帕斯卡三角形有何应用？

帕斯卡三角形，又称杨辉三角，是由若干数字组成的一个列阵，其中每个数字都等于它上面左右两数之和。表示帕斯卡三角的三角形略有不同，下图是最常见的形式：

```
                    1
                  1   1
                1   2   1
              1   3   3   1
            1   4   6   4   1
          1   5  10  10   5   1
```

帕斯卡三角是用来确定二项式（两个数字相加）高次幂计算时产生的数字系数。当二项式进行高次幂运算时，结果就会扩展，需要使用三角中某一行中的数字。例如，$(a+b)^1=a^1+b^1$，使用了帕斯卡三角第二行中的系数，$(a+b)^2=a^2+2ab+b^2$ 应用了帕斯卡三角中第三行的系数。三角的第一行看作 $(a+b)^0$。虽然可直接计算系数，但是帕斯卡三角在计算高次幂系数时非常简单，它不需要把各项系数乘出来。二项式系数在计算概率方面十分有用。帕斯卡是促进概率论发展的先驱之一。与许多其他数学上的发展一样，有证据显示，这种三角在中国很早就出现了。大约公元 1100 年，中国数学家贾宪撰写了关于二项式展开式系数的列表体系的内容。目前能看到的最早记载此三角形的著作是杨辉所著的《详解九章算法》。

古希腊难题中的"化圆为方"是什么？

这个问题是，用一把直尺和一副圆规画一个与某个圆形面积相同的正方形。古希腊人一直未能解决这个难题，而德国数学家费迪南德·冯·林德曼（Ferdinand von Lindemann）在 1882 年已经证明了"化圆为方"是不可能的。

什么是勾股定理？

在直角三角形中（其中一个角是 90°），斜边是正对直角的边。勾股定理又称毕达哥拉斯原理，规定在一个直角三角形中，斜边长的平方等于两条直角边边长的平方之和，即 $h^2=a^2+b^2$。如果三角形三边长为：$h=5$，$a=4$，$b=3$，那么

$$h=\sqrt{a^2+b^2}=\sqrt{4^2+3^2}=\sqrt{16+3}=\sqrt{25}=5。$$

该定理以希腊哲学家、数学家毕达哥拉斯的名字命名。数字在客观世界中的功能意义理论及音调的数字理论都归功于毕达哥拉斯。毕达哥拉斯没留下任何著作，毕达哥拉斯原理实际上是由他的一个门徒系统阐述的。

什么是柏拉图多面体？

柏拉图多面体即 5 个正多面体：正四面体、正六面体或立方体、正八面体、正十二面体和正二十面。虽然从毕达哥拉斯时代起（约公元前 500 年），人们就已开始研究这些正多面体，但是柏拉图在大约公元前 400 年，首次对其进行了详细描述，所以将其命名为柏拉图多面体。古希腊人赋予柏拉图多面体神秘的意义：正四面体代表火；正二十面体代表水；立方体代表地球；正八面体代表空气；正十二面体对应黄道十二宫，这个多面体代表整个宇宙。

"平面镶嵌"的含义是什么？

"平面镶嵌"是一种数学表达法，用来描述由无限个多边形拼接在一起，覆盖整个平面的马赛克图案（"镶嵌"）的形成过程。镶嵌是在设计被褥、地板和卫生间瓷砖中常见的图样。

什么是黄金分割？

黄金分割，又称为神圣比例是指把一条线段分割为两部分，并且全长与较长部分之比等于较长部分与较短部分之比，比率大约是 1.618 03 ：1，数字 1.618 03 被称为黄金数。黄金数是两个相连的斐波那契数比值的极限，比如：21/13，34/21。黄金矩形是指长宽之比符合黄金分割率的矩形。古希腊人认为黄金矩形能够令人愉悦。许多著名的画家、建筑师在他们的绘画和建筑设计中都应用了黄金矩形，其中最著名的例子是希腊的帕台农神庙。

什么是莫比乌斯带？

莫比乌斯带是指一个单侧曲面，通常将一个长方形纸条的一端固定，另一端扭转半周（180°），再把两端连接，得到的曲面就是莫比乌斯带。沿着纸带的中心剪成两半，就会得到一个扭转了 4 个半周的纸带。表示单侧曲面特性的莫比乌斯带是由德国数学家奥古斯特·费迪南德·莫比乌斯（August Ferdinand Mobius）设计的，但他的论文直到他逝世后才被发现并出版。另外一位 19 世纪的德国数学家约翰·本尼迪克特·利斯廷（Johann Benedict Listing）在同一时期独立阐明了这个概念。

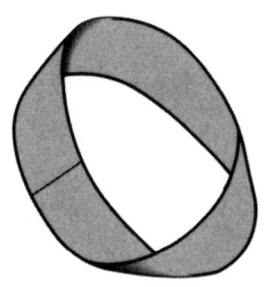

莫比乌斯带。

70 规则有何应用？

这个规则是用来快速估计给定增长率下数量翻倍所用时间的计算方法。规则使用 70 除以这个增长百分比。例如，如果一定数量的钱按 6% 的利率来投资，这笔钱将用 70÷6=11.7 年时间增值一倍。

什么是分形？

分形是指因不规则而不能被传统几何术语所描述的点的集合，但所有点都有一定程度的自身相似性，即局部与整体相似。分形在图像过程中用于压缩数据，并用于描述自然界中看似混沌的物体，如山脉和海岸线。科学家们运用分形来更好地理解降雨趋势、云块和波浪形成的模式以及植被分布。此外，分形还被用来创建计算机生成的艺术。

如何计算增量百分比？

为了得出增量百分比，请将增量除以基数，再乘以100%。例如，工资从 1 万涨到 1.2 万的增量百分比为（2 000÷10 000）×100%=20%。

桥牌游戏有多少种玩法？

粗略估计，桥牌游戏大概有 54×10^{27} 种不同玩法。

单利和复利有什么区别？

单利是指仅根据本金计算利息，每一期的利息收入在下一期，但不作为本金，不会产生新的利息收入。复利指将本金所产生的利息加入本金，再计算利息收入。例如，投资 100 美元，一年的利率为 5%，那么年终将得到 5 美元的单利。相同数额如按照复利来算（按月份利滚利），则将得到 5.12 美元的利息。

在随机抽取的 30 个人当中，至少有两人出生日期相同的概率是多少？

在 30 人的小组中，至少有两个人的出生日期相同的概率为 70%。

什么是大数定律？

这个令人费解的统计学法则是由哈佛大学的佩尔西·迪亚科尼斯（Persi Diaconis）和弗雷德里克·莫斯特勒（Frederick Mosteller）共同提出来的。阐释如下：只要实例足够多，任何看似不可能的事都可能发生。因此，只要时间充足或范围足够大，看起来令人惊异的巧合事实上是能够发生的。例如，一位来自新泽西州的妇女在 4 个月中，中了两次彩票。媒体将这件事当作概率为令人难以置信的十七万亿分之一的新闻进行报道。然而，当统计学家们抛开这些，关注 6 个月内美国彩民发生同样事件的概率时，结果大幅度降到了三十分之一。实验人员认为，偶然性常出现在统计工作中，但是有些偶然性是有隐藏原因的，并非偶然。许多碰运气的事情都只是概率事件罢了。

什么是柯尼斯堡桥难题？

柯尼斯堡城位于普鲁士普雷格尔河旁。在河中的两个小岛由 7 座桥相连。到了 18 世纪，柯尼斯堡的居民们曾努力尝试每座桥只过一次而走遍整个城镇，这种尝试慢慢地成为一种传统。但是没人成功过，于是有人质疑这样做成功的可能性。1736 年，莱昂哈德·欧拉（Leonhard Euler）证明了这种想法是不可能实现的。欧拉的证明对数学界的两个新领域的发展影响很大。其一是主要研究点网络连接问题的图论，其二是主要研究物体形状在不改变其本质特性下的变形问题的拓扑学。

▍柯尼斯堡桥难题示意图。

🔍 什么是芝诺悖论?

　　埃利亚的芝诺（Zeno of Elea）是希腊的哲学家、数学家，他因提出有关运动的连续性的悖论而著名。该悖论的一种形式为，假如一个物体以恒定速度从点 0 到点 1 沿直线移动，那么该物体一定先完成路程的 1/2，然后完成剩下的 1/2，即总路程的 1/4，接着再完成剩下的 1/2，即总路程的 1/8，以此类推，该物体将永远地运动下去。所以得出的结论是，该物体永远都到达不了终点 1。因为总有路程未走完，所以运动是不可能完成的。在另外一种阐述这个悖论的方法中，芝诺用了一个寓言，讲的是乌龟与阿喀琉斯（Achilles，速度是前者的 100 倍）赛跑的故事。乌龟在阿喀琉斯前 10 杆起跑，在相同时间段内，它总是前进阿喀琉斯跑的路程的 1/100。理论上，阿喀琉斯不可能超过乌龟。英国的数学家、作家查尔斯·道奇森，即刘易斯·卡罗尔，利用阿喀琉斯和乌龟的故事来阐释他所说的无限悖论。

在一场棒球比赛中，三垒打出现的概率有多少?

　　在一场棒球比赛中，出现三垒打的概率为 1 400 ∶ 1。

专业术语和理论

🔍 科学与技术的不同之处是什么?

科学是人类了解世界的一个过程。对于能源、空间和物质本质的研究都属于科学范畴。工程学运用这种知识制定计划来达到目的。技术是实施这些计划的工具或工序。

🔍 第一份用英语写的技术报告的名称是什么?

1391 年,杰弗里·乔叟(Geoffrey Chaucer)所著的《论星盘》(*Treatise on the Astrolabe*)是第一份用英语写的技术报告。

🔍 美国第一个重要的科学学会的名称是什么?

美国第一个重要的科学学会是美国哲学协会,它是由美国著名的科学家、政治家本杰明·富兰克林(Benjamin Franklin)于 1743 年在宾夕法尼亚州的费城创建的。

🔍 第一个国家科学院是什么?

1863 年 3 月 3 日,美国总统亚伯拉罕·林肯(Abraham Lincoln)签署国会法令,建立了美国国家科学院。它规定:"当政府的任何部门有需要的时候,科学院要对任何科学学科进行调查、研究、试验、报道。由此产生的经费采用专项划拨的方式,但需无偿为美国政府提供服务。"它的第一任院长是亚历山大·达拉斯·贝克(Alexander Dallas Backe)。如今,科学院和其姊妹机构——1964 年成立的国家工程院和 1970 年成立的国家医学科学院——在提供科学、技术及国家福利咨询等方面起到了重要的作用。

在总统伍德罗·威尔逊(Woodrow Wilson)的要求下,美国国家科学院于 1916 年成立了美国国家科学研究委员会,其目的是促进政府、教育、工业和其他科研机构间的合作;鼓励对自然现象的研究;增加科研在美国工业发展、国防、国家安全和福利上的应用。

国家科学院、国家工程学院和国家医学研究院通过美国最重要的咨询机构之一——国家科学研究委员会来工作。1 万多位科学家、工程师、工业家、医疗卫生及其他专业人士,组成了国家研究委员会。

📖 在美国成立的第一个国家科学协会的名称是什么？

美国第一个国家科学协会——美国科学促进会（AAAS），于 1848 年 9 月 20 日在宾夕法尼亚州的费城建立，其目的是"以各种方式促进科学发展"。它的第一任会长是威廉·查尔斯·雷德菲尔德（William Charles Redfield）。

📖 诺贝尔奖获得者中最年轻和最年长的人是谁？

最年轻的诺贝尔奖得主是马拉拉·尤萨夫扎伊（Malala Yousafzai），她在 2014 年获得诺贝尔和平奖时仅有 17 岁。而最年长的人是约翰·B. 古迪纳夫（John B. Goodenough），他在 2019 年获得诺贝尔化学奖时是 97 岁。

📖 是否有多次获得诺贝尔奖的得主？

目前，共有 5 位得主多次获得诺贝尔奖。他们是玛丽·居里（Marie Curie）（1903 年获得诺贝尔物理学奖，1911 年获诺贝尔化学奖）；约翰·巴丁（John Bardeen）（1956 年和 1972 年两度获得诺贝尔物理学奖）；莱纳斯·鲍林（Linus Pauling）（1954 年获得诺贝尔化学奖，1962 年获得诺贝尔和平奖）；弗雷德里克·桑格（Frederick Sanger）（1958 年和 1980 年两次获得诺贝尔化学奖）；卡尔·巴里·夏普利斯（Karl Barry Sharpless）（2001 年和 2022 年两次获得诺贝尔化学奖）。

📖 "动素"是如何定义的？

美国工程师弗兰克·吉尔布雷斯（Frank Bunker Gilbreth）是现代运动研究之父，他将工人的手部基本动作定义为"动素"（Therbligs，大体上是 Gilbreth 的逆向书写）。他得出结论，所有操作都由 17 个分解动作组成。这 17 个分解动作分别是寻找、选择、握取、伸手、移动、持住、放手、定位、预定位、检查、装配、拆卸、使用、不可避免的延迟、可避免的延迟、计划和克服疲劳的休息。

吉尔布雷斯创立了许多现代管理技术的概念，并且获得了许多建筑行业的发明专利。在时间和动作研究方面，他运用了轮转式全景照相机或"运动参数记录器"。一架普通照相机和一个小灯泡就可显示运动的路径。这种光图像显示了所有影响工人熟练程度的停顿或不良习惯。

"混沌学"这一学科的含义是什么?

"混沌"或"混沌行为"是指一种系统的最终状态极其敏感地依赖于初始条件的行为。这种行为是不可预测的,从数学意义上讲,它虽然是确定的,但无法与随机过程区分开。"混沌学"研究自然界中许多复杂的、超常规的行为系统,比如,不断变化的天气形态、湍急的水流、摆动的钟摆。科学家们曾认为,他们能对这些系统做出精确预测,但最终发现,初始条件的微小差异就可导致结果的巨大差异。"混沌系统"确实遵循某种规则,数学家已经用等式说明了这一点,但"混沌学"向人们展示了预测"混沌系统"长期行为的难度。

日全食如何证实了爱因斯坦的广义相对论?

爱因斯坦在系统阐述广义相对论时提出,在像太阳一样巨大的物体附近,空间会发生弯曲,而空间弯曲时,可使掠过的光线发生倾斜。例如,在发生日食时,看起来在太阳边缘附近的星光已发生了 1.74 角秒的偏转。英国天文学家亚瑟·爱丁顿(Arthur Eddington)在 1919 年 5 月 29 日发生的日食期间证实了爱因斯坦的假设。人们对爱丁顿的发现成果的关注,帮助爱因斯坦在科学界树立了威望。

什么是"奥卡姆剃刀"?

"奥卡姆剃刀"是一种科学学说,内容为"如无必要,勿增实体"。它提出,一个问题应该用最基本、最简单的词语来陈述。用科学术语来说,它认为应该选择最符合问题实际情况的最简单理论。英国哲学家、神学家威廉·奥卡姆(William Occam)概括了该条法则。奥卡姆剃刀法则还被称为经济原则或简约原则。